空间超高速碰撞

李怡勇　王卫杰　王建华　编著

科学出版社

北京

内 容 简 介

超高速碰撞是指相对速度在每秒几千米甚至更高的物体之间的碰撞。外层空间物体的飞行速度极高,超高速碰撞是空间碰撞的主要形式,且普遍存在于人造航天器、宇宙天体、微观粒子等各类对象之间。本书全面介绍了空间超高速碰撞的主要类型、物理现象、研究方法、作用机理和典型应用,具体内容包括空间超高速碰撞概述、航天器外部结构碰撞损伤、航天器碰撞解体、宇宙天体超高速碰撞、高能粒子束冲击、强激光束辐照冲击等。

本书适合航天任务分析、超高速碰撞、天文物理、武器毁伤、空间安全等领域的教学、科研和管理人员阅读,也可作为高等院校相关专业学生的参考书。

图书在版编目(CIP)数据

空间超高速碰撞/李怡勇,王卫杰,王建华编著.—北京:科学出版社,2018.9

ISBN 978-7-03-058783-1

Ⅰ.①空…　Ⅱ.①李…②王…③王…　Ⅲ.①航天器-超高速碰撞　Ⅳ.①V47

中国版本图书馆 CIP 数据核字(2018)第 209282 号

责任编辑:张海娜　乔丽维 / 责任校对:何艳萍
责任印制:吴兆东 / 封面设计:蓝正设计

科 学 出 版 社 出版
北京东黄城根北街 16 号
邮政编码:100717
http://www.sciencep.com

北京中石油彩色印刷有限责任公司 印刷
科学出版社发行　各地新华书店经销

*

2018 年 9 月第 一 版　开本:720×1000　B5
2024 年 1 月第三次印刷　印张:13 1/2
字数:270 000

定价:108.00元
(如有印装质量问题,我社负责调换)

前　言

　　超高速碰撞是相对速度极高的两个物体之间的一种瞬时强相互作用。超高速碰撞现象普遍存在于从微观到宏观，甚至宇观的自然界，是很多自然现象发生的内在原因。超高速碰撞的研究只有几十年的历史，虽然对某些现象也获得了一些规律性的认识，并将相关成果应用到社会生产、生活、安全等诸多领域，但仍然存在很多未解之谜，不断有新的现象被人类发现、关注和研究。例如，与日俱增的空间碎片超高速碰撞问题，已成为全世界航天界关注的热点和难题；自然天体超高速碰撞引起的大爆炸、时空重构、引力波扰动及对生物界的影响，勾起了人类敬畏自然、探索未知的原始萌动；高能粒子、强激光等微能量以更高的速度和群体优势冲击目标，以"兄弟同心、其利断金"的磅礴之势实现了从微观到宏观的跨越，引起科学家与工程师的无限憧憬。因此，开展超高速范围内的空间碰撞研究，对于加强空间安全、探索宇宙奥秘、促进人类发展具有十分重要的意义，值得人类不断研究与突破。

　　本书以发生在超高速范围内的空间碰撞作为研究对象，通过系统梳理和总结国内外相关学者的研究成果，并结合作者近年来的研究工作，统筹宏观到微观的视角，运用现象到机理的方法，深入分析航天器类、宇宙天体类和微观粒子类等三类超高速碰撞。全书共6章：第1章概述空间碰撞研究的主要问题、物理学原理和基本方法；第2章和第3章从航天器外部结构碰撞受损和航天器碰撞解体两方面详细论述航天器类超高速碰撞涉及的现象、试验、机理建模、碎片防护、碰撞感知、空间环境等方面的问题；第4章阐述宇宙天体超高速碰撞，包括月球表面撞击、彗星木星碰撞、撞击地球、"深度撞击"试验和星系大碰撞等内容；第5章和第6章分别针对两类微观粒子，即高能粒子束和强激光束超高速冲击问题进行研究，重点分析高能粒子束和强激光束在介质中的传播机理、与目标的作用机理，介绍微观粒子碰撞在武器毁伤效应和空间碎片清除等方面的应用。

　　在编写本书过程中参考和引用了大量文献，本书的完成离不开这些文献作者的开创性工作，在此表示深深的感谢！

　　由于作者水平有限，书中难免存在不足之处，恳请读者不吝指正。

作　者

2018 年 4 月

目　　录

第1章 绪 论

空间碰撞可以泛指发生在外层空间的一切碰撞,如超低速、低速、中速、高速和超高速碰撞,空间碎片或空间粒子对航天器的碰撞,天体之间的碰撞等。但是,基于以下考虑,本书主要选取发生在超高速范围内的空间碰撞作为研究对象。一是超高速碰撞(hyper-velocity impact)是空间碰撞的主要形式。由于外层空间物体的速度一般极高(每秒几千米以上),相互之间发生碰撞的相对速度也会很高,导致发生超高速碰撞。二是超高速碰撞是当前碰撞研究的热点与难点。对于中低速碰撞的现象和物理规律,人们早就开展了大量研究,并发展了弹性、塑性等经典理论加以解释;但对于超高速碰撞的研究只有几十年的历史,虽然对某些现象也获得了一些规律性的认识,但仍然存在很多未解之谜,是当前和今后一段时期内研究的热点。三是研究超高速范围内的空间碰撞,对于加强空间安全、探索宇宙奥秘、预测人类未来具有十分重要的意义。超高速碰撞是相对速度极高的两个物体之间的一种瞬时强相互作用。这种作用普遍存在于从微观到宇观的自然界,是很多自然现象发生的内在原因,目前人类正在试图利用智慧解开这一大自然之谜,并将相关成果应用到社会生产、生活、安全等诸多领域。因此,若无特殊说明,书中的空间碰撞是指发生在外层空间的超高速碰撞——空间超高速碰撞。

1.1 空间碰撞研究的重要前提——极高速度

碰撞物体之间具有极高的相对速度是发生空间超高速碰撞的前提条件。除了自然界中固有的极高速度之外,人类也在孜孜不倦地追求和创造更高的速度。人类达到的速度可以从有人和无人(即人的速度和物的速度)两个角度观察,目前达到的速度极限大致如图 1-1 所示。

原始人类只能利用身体的四肢实现快速奔跑,速度一般在每秒几米。马成为代步工具后,人骑马或坐马车的移动速度可以提高到每秒十几米。包括近代出现的以蒸汽机为动力的车辆、舰船,其速度仍然没有大的突破,但可以一次移动更多的人或物体。进入 20 世纪后,由于现代科学技术的巨大进步,人类的移动速度也不断取得重大突破。在陆地上,"超音速推进"号是第一辆成功突破音障并且没有引发争议的汽车。1997 年 10 月 15 日,安迪·格林驾驶"超音速推进"号出现在美国内华达州黑岩干湖上,1 英里(1 英里≈1.6km)内的平均速度达到 1228km/h[1]。在空中,1947 年 10 月 14 日美国空军上校查克·叶格驾驶贝尔 X-1 试验机成功突

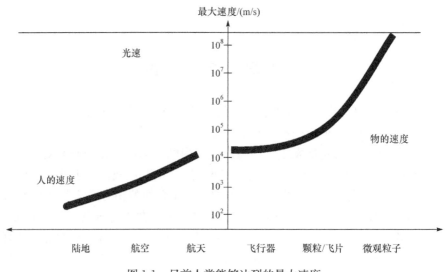

图 1-1 目前人类能够达到的最大速度

破音障,进行世界首次超音速飞行。1955 年,北美航空公司成功研制了 $6Ma$ 以上的有人驾驶飞机——X-15[2]。时至今日,高超声速飞行仍然是人类追求的前沿航空技术,还有很多未攻克的难关。航天技术的发展则将人的移动速度提升到了全新的高度。乘坐航天飞机在低地球轨道飞行的航天员具有接近 8km/s 的速度,而飞往月球的航天员可以实现超过 10km/s 的高速飞行。

人类创造的物的速度发展历程与人的速度发展历程大致相似。原始人投掷石块的速度仅有每秒十几米。弓箭、强弩的出现,将速度提升到每秒几十米。火器出现以后,火枪、火炮等逐渐可以将千克级或以下质量的弹丸加速到每秒几百米甚至上千米。伴随航空航天技术的发展,人类具备了将数以吨计的物体加速至每秒几到十几千米的能力。量子力学、新材料、激光等现代新技术的发展,则使人类能够将微观世界的电子、中子等粒子加速到接近光速,或者制造出等于光速极限的激光,荧光等人造光。

表 1-1 列出了几个常用的最大速度。其中:

第一宇宙速度(又称环绕速度):是指物体紧贴地球表面做圆周运动的速度(也是人造地球卫星的最小发射速度),大小为 7.9km/s。

第二宇宙速度(又称脱离速度):是指物体完全摆脱地球引力束缚,飞离地球所需要的最小初始速度,大小为 11.2km/s。

第三宇宙速度(又称逃逸速度):是指在地球上发射的物体摆脱太阳引力束缚,飞出太阳系所需的最小初始速度,大小为 16.7km/s[3]。

第四宇宙速度:是指在地球上发射的物体摆脱银河系引力束缚,飞出银河系所需的最小初始速度,或在银河系内绝大部分地方所需要的航行速度,大小为 110~

120km/s。如充分利用太阳系围绕银心的转速,最低航行速度可为 82km/s。由于人类对银河系所知甚少,对于银河系的质量以及半径等也无法取值,120km/s 的数值为在银河系内的绝对脱离速度,用于代表第四宇宙速度。第四宇宙速度的准确值至今无法确认[4]。

　　第五宇宙速度:指航天器从地球发射,飞出本星系群的最小速度,由于本星系群的半径、质量均未有足够精确的数据,所以无法准确得知数据大小。科学家估计本星系群有 500 万～1000 万光年,照这样算,应该需要 1500～2250km/s 的速度才能飞离,但这个速度以人类目前的科学发展水平,至少要几百年才能达到,所以只是个幻想[5]。

表 1-1　几个常用的最大速度

名称	速度/(m/s)
地球同步卫星	3.1×10^3
第一宇宙速度	7.9×10^3
第二宇宙速度	11.2×10^3
第三宇宙速度	16.7×10^3
第四宇宙速度	约 1.2×10^5
第五宇宙速度	$1.5 \times 10^6 \sim 2.25 \times 10^6$
阴极射线电子流[6]	2.0×10^5
电子绕氢原子核运动	2.2×10^6
β 射线(高速运动电子流)	接近 3.0×10^8
光速(真空)	3.0×10^8

1.2　空间碰撞研究的主要问题

　　两个空间物体相撞的速度可以从零到 2 倍光速的范围内变化,但主要集中在超高速碰撞领域,即空间相撞物体之间的速度达到很高的值(通常可达到每秒几千米或者更高)。从碰撞物体的尺寸、质量等物理属性来看,既可能是宏观的航天器、空间碎片、微流星或者行星等宇宙天体,也可能是高速的电子、质子、中子、光量子、微波量子[7,8]等微观粒子。如果将相撞的两个物体分别称为碰撞体(也称弹)和受撞体(也称靶),并假设碰撞体的静止质量不大于受撞体,则可根据碰撞体的大小,把上述空间碰撞事件大致划分为航天器类(如空间碎片、微流星、航天器等)超高速碰撞、宇宙天体(如行星、彗星、恒星、星系等)超高速碰撞和微观粒子(如电子、质子、中子、光量子、微波量子等)超高速碰撞三种类型。

1.2.1　航天器类超高速碰撞

　　航天器类超高速碰撞主要发生在人造航天器、空间碎片(space debris)或轨道碎片(orbital debris)、微流星和动能拦截器等类似航天器的空间物体之间。它是空间超高速碰撞研究的主要内容之一,常常描述为碰撞所产生的冲击压力远大于弹或靶的强度的一类碰撞[9]。根据这种定义,不同的物质达到超高速碰撞的速度会各不相同。例如,石蜡弹丸碰撞石蜡靶,这个速度约为 1km/s;对于金属铅,这个速度在 2km/s 左右;对于铝等较坚硬的材料,速度要到 5km/s 左右才达到超高速碰撞。在发生超高速碰撞的局部区域,固体材料的行为类似可压缩流体,更严重的碰撞会使材料气化。目前,这类碰撞一般发生在每秒几千米至十几千米每秒的速度范围内。

　　随着人类空间活动的开展,在轨航天器的数量越来越多,轨道日益拥挤。作为发射活动带来的副产品,大量运载工具产生的喷射物和抛弃物、失效的有效载荷、空间物体碰撞产生的碎片等被留在地球轨道上,形成所谓的空间碎片。目前,绝大部分的空间碎片处于高度低于 2000km 的近地轨道,它们绕地球旋转的速度通常在 7~8km/s,而空间碎片与航天器的平均碰撞速度达到 10km/s 左右。除了空间碎片,航天环境中还有大量的微流星体,它们都对航天器的安全造成了严重的威胁。为了研制和使用航天飞行器、洲际弹道导弹,除了对大碎片加强监控和尽可能减少空间碎片的生成,也需要研究空间碎片或微流星碰撞引起的破坏效应以及有效的防护结构形式。这些因素促使人们对各种材料和结构在超高速碰撞下的行为进行研究。

　　因此,目前这类研究主要在具有极高速度的空间安全领域开展,该领域也是空间超高速碰撞研究的主要方向。

1.2.2　宇宙天体超高速碰撞

　　令人感到恐怖的超高速碰撞可能发生在彗星、卫星、恒星甚至星系等宇宙天体之间,这类碰撞的威力巨大,足以毁灭或改变附近的一切物体以及遥远星球上的生命体。在 2015 年媒体盘点的宇宙十大暴力事件中,与超高速碰撞直接相关的就有 3 项:小行星撞击行星、星系碰撞、“星系高速路”的连环碰撞[10]。

　　进入太空时代以来,人类逐渐认识到超高速碰撞在宇宙形成和发展中扮演着重要角色。尽管仍有很多现象和规律没有被认识,但人们已经确信行星和卫星的固体表面上留下的陨石坑是超高速碰撞最明显的痕迹,如月球表面的大量环形山在一百多年前就首先被 Gilbert 认为是由碰撞造成的[11]。除此之外,现在人们还知道很多关于超高速碰撞的事例。例如,目前公认冲击加热(shock heating)对地球的热状态做出了主要贡献,因为碰撞使地球物质积聚了大量的热[12]。Alvarez等在墨西哥发现的一个富含铱的黏土层[13],后被认为来自希克苏鲁伯(Chicxulub)碰撞构造[14]。由于这些新发现,人们开始广泛认同一次大的超高速碰撞事件造成了6500万年前恐龙及其他大多数生命体的灭绝,改变了地球上的生物发展史[15]。对于月球的起源,人们也逐渐达成了共识:在早期地球和另一个火星尺寸的行星之间发生的一次大型超高速碰撞,喷射出大量熔融的行星碎片,在轨道上飞行并最终演变为月球,同时这次巨大的碰撞还引入了足够的角动量,致使地球自转速度加快[16]。

目前,关于宇宙天体的碰撞研究主要属于天文物理学的范畴。

1.2.3 微观粒子超高速碰撞

在微观领域,高能粒子之间的碰撞是现代物理学研究的重要内容,目前主要属于粒子物理学(particle physics,又称高能物理学)的研究范畴,但它显然是一类重要的超高速碰撞现象,并往往具有明显的相对论效应和量子效应。

由于在大自然的一般条件下,许多基本粒子不存在或不单独出现,物理学家往往使用粒子加速器,试图复制粒子高能碰撞的机制,从而生产和侦测这些基本粒子。从1897年发现第一个基本粒子——电子,到20世纪60年代初,实验发现的基本粒子数目已达到近百种。而且,随着加速器能量的提高,还会有大量的新粒子被发现。原来人们期望基本粒子的研究会给物质世界描绘出一幅很简明的图像,结果却相反,基本粒子的种类竟然比化学元素的种类还多! 这使人们意识到,这些粒子并不是物质世界的极终本原。基本粒子对它们不是一个合适的名称。于是人们去掉"基本"二字,而把它们简称为粒子。相应的研究领域也改称为粒子物理[17]。

对于超高速碰撞的工程应用,多数人更关注的是微观粒子的碰撞在宏观领域的反映,而不是科学上的微观粒子之间的碰撞。因此,关于这部分内容,本书将不深究微观粒子之间的超高速碰撞,而是将重点放在由大量微观粒子组成的高能粒子束、光束、微波束超高速碰撞典型靶材时的相互作用。

根据以上研究内容,本书选择最为关注的空间超高速碰撞问题,如表1-2所示。另外,碰撞体的入射角度也会对碰撞效应产生很大影响,在无特别说明的情况下,书中的碰撞一般指入射方向与碰撞接触面近似垂直的正撞(相对于斜撞)。

表 1-2　本书关注的空间超高速碰撞问题

问题类型	主要内容	碰撞体	受撞体	目前常见碰撞速率/(km/s)	实例
航天器类超高速碰撞	航天器外部结构碰撞受损	小质量的空间碎片、微流星体等	航天器外部结构	几至几十	小空间碎片或微流星撞击航天器外壳后穿孔或成坑
	航天器碰撞解体	空间碎片、动能杀伤器、截击卫星等	航天器	几至十几	美国 P-78 试验、USA 193 试验
宇宙天体超高速碰撞	宇宙天体超高速碰撞	较小的宇宙天体或人造物体	较大的宇宙天体	十几至几十	地球陨石坑、月球的形成、月球坑、美国"深度撞击"试验
微观粒子超高速碰撞	空间粒子对航天器的撞击	空间粒子	航天器	几万至约 20 万	空间粒子撞击航天器故障
	高能粒子束强冲击	带电或不带电的高能粒子束	航天器、空间碎片	几万至约 20 万	粒子束清除空间碎片、粒子束武器
	强激光束辐照冲击	强激光束	航天器、空间碎片	30 万	激光清除空间碎片、激光推进、激光武器
	高功率微波束耦合冲击	高功率微波束	航天器	30 万	高功率微波武器

1.3　空间碰撞研究的物理学原理

　　目前,在速度不是足够大(相对论效应不明显,如每秒几千米到几十千米)的条件下,关于刚体或变形体的经典力学是研究航天器类物体和宇宙天体超高速碰撞问题的基本物理学原理[18]。刚体动力学是研究惯性作用的基础理论,体现在所有基于物理学基本守恒定律的统治方程中。变形体动力学用于解决碰撞中应力波传播问题,因为绝大多数的碰撞事件都是瞬时现象,稳态条件一般不存在。

　　然而,经典力学建立的理论基础是绝对时空观,即假设:①时间间隔与惯性系的选择无关(若有两事件先后发生,在两个不同惯性系中的观测者测得的时间间隔相同);②空间间隔也与惯性系的选择无关(空间任意两点之间的距离与惯性系的选择无关)。因此,在经典力学中,物体的坐标和速度是相对的,同一地点也是相对的;但时间、长度和质量这三个物理量是绝对的,同时性也是绝对的。随着现代科学的逐渐发展,人们发现经典力学并不适用于高速(尤其是接近光速)运动的物体和微观领域。相对论(theory of relativity)和量子力学(quantum mechanics)分别针对这两大问题提出了解决方案,成为现代物理学的两大基本支柱。相对论解决了高速运动问题,量子力学解决了微观亚原子条件下的问题。

1.3.1 经典力学

1. 质量守恒

简单地说,在一个物理系统中,质量是守恒的,即

$$\int_V \rho dV = \text{const} \tag{1-1}$$

式中,ρ 是质量密度;V 是物体的体积。

2. 动量守恒

动量守恒定律可以用几种不同的形式表达。牛顿第二定律的表达式为

$$\boldsymbol{F} = m\frac{d\boldsymbol{v}}{dt} \tag{1-2}$$

式中,$\boldsymbol{F}$、$\boldsymbol{v}$ 分别是力和速度矢量;m、t 代表质量和时间。

对于一个具有 n 个质量体(m_i)组成的封闭系统,如果不受系统外的力作用,则系统的动量守恒表示为

$$\sum_{i=1}^{n} m_i \boldsymbol{v}_i = \text{const} \tag{1-3}$$

冲量定理表示为力 $\boldsymbol{F}$ 乘 dt 后进行积分的形式:

$$\boldsymbol{I} = \int \boldsymbol{F} dt = \int m d\boldsymbol{v} = m\boldsymbol{v}_f - m\boldsymbol{v}_i \tag{1-4}$$

这表明作用在一个物体上的冲量 $\boldsymbol{I}$ 使其动量由初始值 $m\boldsymbol{v}_i$ 变为了最终值 $m\boldsymbol{v}_f$。式中下标 i、f 分别表示 0 时刻的初始状态值和一段时间后的最终状态值。

3. 能量守恒及伯努利方程

该守恒定律可以写为系统的一系列离散的(j)质量或体积加和的形式。具体表达式为

$$\sum_j E_i + \sum_j \frac{1}{2}\rho v_i^2 = \sum_j E_f + \sum_j \frac{1}{2}\rho v_f^2 + W \tag{1-5}$$

式中,E 是存储的内部能量(即势能);W 代表作用在系统上的功;v 是速率。

适用于流体的伯努利方程(Bernoulli equation)可以看成另一种形式的能量守恒。在超高速碰撞产生的极高压力作用下,材料性质退化为无黏性流体。在物理建模时,材料可以看成流体,适合用伯努利方程。该方程描述了稳态流条件下流体的动能改变量等于外界对流体所做的功。在此情况下,压强差作用产生的功会使

流体的体积(或密度)由一种状态变为另一种状态:

$$p_1 + \frac{1}{2}\rho_1 v_1^2 + \rho_1 g_1 h_1 = p_2 + \frac{1}{2}\rho_2 v_2^2 + \rho_2 g_2 h_2 \tag{1-6}$$

式中,p 是压强;g 是重力加速度;h 是流体所处的高度(从某参考点计)。当碰撞事件在极短时间内发生,高度 h 来不及变化时,方程两端的第 3 项往往可以忽略。

4. 波动方程

波动方程或称波方程(wave equation)是由麦克斯韦方程组导出的、描述电磁场波动特征的一组微分方程。它抽象自声学、电磁学和流体力学等领域,主要描述自然界中的各种波动现象,包括横波和纵波,如声波、光波、水波和应力波等。

波动方程是双曲形偏微分方程的最典型代表,其最简单的一维标量形式可表示为:关于位置 x 和时间 t 的标量函数 u(代表各点偏离平衡位置的距离)满足[19]

$$\frac{\partial^2 u}{\partial t^2} = c^2 \frac{\partial^2 u}{\partial x^2} \tag{1-7}$$

式中,c 通常是一个固定常数,代表波的传播速率。在常压、20℃的空气中 $c = 343 \text{m/s}$(参见声速)。在弦振动问题中,由于不同弦的密度大小和轴向张力不同,c 值可能相差非常大。波可能叠加到另外的运动上(如声波的传播在气流之类的移动媒介中)。这种情况下,标量 u 会包含一个马赫因子(对于沿着流运动的波为正,对于反射波为负)[20]。

法国科学家达朗贝尔(d'Alembert)给出了一维标量形式波动方程的一般解。原方程可以写成如下的算子作用形式:

$$\left(\frac{\partial}{\partial t} - c\frac{\partial}{\partial x}\right)\left(\frac{\partial}{\partial t} + c\frac{\partial}{\partial x}\right)u = 0 \tag{1-8}$$

从上面的形式可以看出,若 F 和 G 为任意函数,那么它们以下形式的组合

$$u(x,t) = F(x-ct) + G(x+ct) \tag{1-9}$$

必然满足原方程。上面两项分别对应两列行波——F 表示经过该点(x 点)的右行波,G 表示经过该点的左行波。为完全确定 F 和 G 的最终形式,还需考虑如下初始条件:

$$\begin{cases} u(x,0) = f(x) \\ u_t(x,0) \equiv \dfrac{\partial u(x,0)}{\partial t} = g(x) \end{cases} \tag{1-10}$$

经代入运算,就得到了波动方程著名的达朗贝尔行波解,又称达朗贝尔公式:

$$u(x,t) = \frac{f(x-ct) + f(x+ct)}{2} + \frac{1}{2c}\int_{x-ct}^{x+ct} g(s)\mathrm{d}s \tag{1-11}$$

在经典的意义下,如果 $f(x) \in \mathbf{C}^k$ 并且 $g(x) \in \mathbf{C}^{k-1}$,则 $u(t,x) \in \mathbf{C}^k$。但是,行

波函数 F 和 G 也可以是广义函数,如狄拉克 δ 函数。在这种情况下,行波解应被视为左行或右行的一个脉冲。

基本波动方程是一个线性微分方程,也就是说,同时受到两列波作用的点的振幅就是两列波振幅的相加。这意味着可以把一列波分解,这在求解中很有效。此外,可以通过将波分离出各个分量来分析,如傅里叶变换可以把波分解成正弦分量。

5. 应力波

在可变形固体介质中机械扰动表现为质点速度的变化和相应的应力(即单位面积所承受的作用力,单位是 Pa)、应变(即单位长度变形量,无量纲)状态的变化。应力、应变状态的变化以波的方式传播,称为应力波。通常将扰动区域与未扰动区域的界面称为波阵面,波阵面的传播速度称为波速。地震波、固体中的声波和超声波等都是常见的应力波。应力波的研究同地震、爆炸和高速碰撞等动载荷条件下的各种实际问题密切相关。在运动参量不随时间变化的静载荷条件下,可以忽略介质微元体的惯性力,但在运动参量随时间发生显著变化的动载荷条件下,介质中各个微元体处于随时间变化的动态过程中,如图 1-2 所示,特别是在爆炸或高速碰撞条件下,载荷可在极短历时(毫秒、微秒甚至纳秒量级)内达到很高数值($10^{10}\,\mathrm{Pa}$、$10^{11}\,\mathrm{Pa}$ 甚至 $10^{12}\,\mathrm{Pa}$ 量级),应变率高达 $10^2 \sim 10^7\,\mathrm{s}^{-1}$ 量级,因此常需计及介质微元体的惯性力,由此导致对应力波传播的研究。对于一切具有惯性的可变形介质,在应力波传过物体所需的时间内外载荷发生显著变化的情况下,介质的运动过程就总是一个应力波传播、反射和相互作用的过程,这个过程的特点主要取决于材料的特性[21]。

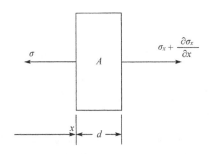

图 1-2 在动载荷条件下微元体 $\mathrm{d}x$ 在 x 方向上应力 σ_x 的状态变化

应力波按波阵面几何形状分为平面波、柱面波、球面波等;按质点速度扰动与波传播方向的关系分为纵波和横波;按介质受力状态分为拉伸波、压缩波、扭转波、弯曲波、拉扭复合波等;按控制方程组是否为线性分为线性波和非线性波。按介质连续性要求,质点位移 u 在波阵面上必定连续,但其导数可能间断,数学上称为奇异面。若 u 的一阶导数间断,即质点速度和应变在波阵面上有突跃变化,则称为一阶奇异面或强间断,这类应力波称为激波或冲击波。若 u 及其一阶导数都连续,但其二阶导数(如加速度)间断,则称为二阶奇异面,这类应力波称为加速度波。依次类推,还可以有更高阶的奇异面,统称弱间断,都是连续波。

当应力与应变呈线性关系时,介质中传播的是弹性波;当呈非线性关系时,为塑性波和冲击波。弹性波理论是在 19 世纪 30 年代由泊松、奥斯特罗格拉茨基、斯托克斯等,以及随后由瑞利等研究与弹性振动相联系的问题而发展起来的。塑性波理论则直到 20 世纪 40 年代,由于第二次世界大战期间军事技术的需要,由卡门、泰勒和拉赫马图林等分别独立发展的。至于与应变率相关的黏塑性理论,则是 50 年代前后由索科洛夫斯基和马尔文等提出弹-黏塑性理论后开始发展起来的。应力波在地震,工程爆破、爆炸加工和爆炸合成,超声波和声发射技术,机械设备的冲击强度,工程结构和建筑的动态响应,弹丸对装甲的碰撞侵彻、微流星体和雨雪冰沙对飞行器的高速碰撞,以及地球、月球的陨石坑和地质结构中"冲击变性"的研究,材料在高应变率下动态力学性能和本构关系的研究,断裂动力学的研究,冲击载荷下材料的力学性质、电磁性质和相变等的研究,高能量密度粒子束(电子束、X 射线、激光等)对材料的作用的研究等广阔的领域中有着重要的应用。

1) 速率无关材料中的应力波

对于初始密度为 ρ_0、在动载荷下应力 σ 和应变 ε 间具有单值函数关系 $\sigma = \sigma(\varepsilon)$ 的速率无关材料,由质量守恒和动量守恒方程可得到以位移 $u(x,t)$ 为未知量的拟线性波动方程(1-7)(即最简波动方程),式中 $c = \left(\dfrac{1}{\rho_0}\dfrac{d\sigma}{d\varepsilon}\right)^{1/2}$。该方程有两族分别代表右行波和左行波的实特征线及相应的沿特征线的相容关系:

$$\begin{cases} dx = \pm c\,dt \\ d\sigma = \pm \rho_0 c\,dv \end{cases} \tag{1-12}$$

式中,波速 c 和波阻抗 $\rho_0 c$ 完全由材料性能决定。求解应力波的传播问题在数学上归结为在给定的初始条件和边界条件下求解波动方程(1-7)或等价的特征线方程组(1-12)。常用的数值解法有特征线法、有限差分方法和有限元法。

2) 速率相关材料中的应力波

对于速率相关材料,其力学响应通常可概括为两部分:与速率无关的瞬态响应和与速率相关的非瞬态响应,而各种非瞬态响应可归结为由具有黏性性质的内耗散力所引起。这样,对于在弹性响应的基础上计及速率相关性的黏弹性介质,如高分子材料等,相应地有黏弹性波。黏性效应的主要体现是波传播中的弥散现象(波速依赖于频率)和吸收现象(波幅随传播距离而衰减)。类似地,对于在弹塑性响应的基础上计及速率相关的介质,相应地有黏弹塑性波。如果只对塑性部分计及黏性效应,则相应地有弹黏塑性波,其总应变率 ε 由瞬态的弹性应变率 ε_0 和非瞬态的

黏塑性应变率 ε_p 组成,而 ε_p 取决于超应力,即实际应力 σ 与准静态应力-应变关系所决定的平衡态应力 $\sigma_e(\varepsilon)$ 之差。在一维情况下有[22]

$$\varepsilon = \varepsilon_0 + \varepsilon_p = \frac{\dot{\sigma}}{E} + g\left(\frac{\sigma - \sigma_e(\delta)}{\sigma_e(\varepsilon)}\right) \tag{1-13}$$

式中,E 为弹性模量;函数 g 称为松弛函数。这类弹黏塑性波的主要特点是:波的传播速度由材料瞬态响应决定,故弹黏塑性波速等于弹性波速,而大于速率无关材料中的塑性波速;由于内耗散力的黏性效应,波在传播中将不断衰减。

3)应力波的反射透射

应力波到达物体边界或不同波阻抗材料的界面时,将发生反射和透射,常引起材料的断裂破坏。

以弹性波为例:对于法向入射波,当在固定边界反射时,反射波与入射波应力等值同号,即应力的总和恰好是入射波应力值的两倍;当在自由边界反射时,反射波与入射波应力等值异号,而质点速度的总和恰好是入射波质点速度值的两倍。对于斜入射的弹性纵波或横波,一般将同时反射和透射纵波与横波。在介质自由表面处,与波的绕射现象相关,还可能产生一种沿着介质表面传播的弹性表面波(如瑞利波),它是纵波与横波耦合形成的一种非均匀平面波,波幅随着距自由表面的深度呈指数衰减,波速 c_s 略低于横波波速 c_t,且与频率无关(即无频率弥散现象)。弹塑性波的反射有时会出现反射卸载,形成非常复杂的波系。

反射断裂是由应力波反射所造成的断裂现象。在材料和工程结构的动态断裂研究中具有重要意义。当由压缩加载波和随后的卸载波所组成的压力脉冲入射到介质自由表面时,压缩波部分首先卸载反射为拉伸波,它与入射压力脉冲中的卸载波部分相互作用后,将在邻近自由表面处造成拉应力,一旦满足动态断裂准则即导致断裂,这种断裂称为层裂,裂片从背面飞出。同时,由于形成了新的自由表面,又会使继续入射的压力脉冲在新表面反射而造成第二层层裂。依次类推,有可能造成多层层裂。类似地,由两自由表面反射的拉应力波在物体心部或角部等处相遇而相互作用后,可导致心裂和角裂等。一般来讲,材料本身或材料间的联结往往可承受强压缩而经不起拉伸,因而反射断裂是动态破坏的一种重要形式。

1.3.2 相对论

相对论是关于时空和引力的理论,主要由爱因斯坦创立,依其研究对象的不同分为狭义相对论(特殊相对论,special theory of relativity)和广义相对论(一般相对论,general theory of relativity)。狭义相对论提出于 1905 年,讨论的是匀速直线运动的参照系(惯性系)之间的物理定律;广义相对论提出于 1915 年(爱因斯坦在 1915 年底完成广义相对论的创建工作,在 1916 年初正式发表相关论文),推广到具有加速度的参照系中(非惯性系),并在等效原理的假设下,广泛应用于引力场中。

　　狭义相对论的基本假设是相对性原理(即物理规律在所有惯性系中都具有相同的形式,与参照系的选择无关)和光速不变原理(即在所有的惯性系中,光在真空中的传播速率具有相同的值,它不依赖于发光物体的运动速度)。从表面上看,光速不变似乎与相对性原理冲突。因为按照经典力学速度的合成法则,对于两个做相对匀速运动的坐标系,光速应该不一样。爱因斯坦认为,要承认这两个假设没有抵触,就必须重新分析时间与空间的物理概念。在经典物理学中,时间是绝对的,它一直充当着不同于三个空间坐标的独立角色。爱因斯坦的相对论把时间与空间联系起来了,认为物理的现实世界是由各个事件组成的,每个事件由四个数来描述。这四个数就是它的时空坐标 t 和 x、y、z,它们构成一个四维的刚性连续时空,通常称为明可夫基里平直时空。在相对论中,用四维方式来考察物理的现实世界是很自然的。相对论颠覆了人类对宇宙和自然的"常识性"观念,提出了"时间和空间的相对性""四维时空""弯曲空间"等全新的概念。

　　狭义相对论导致的另一个重要的结果是关于质量和能量的关系。在爱因斯坦提出相对论以前,物理学家一直认为质量和能量是截然不同的,它们是分别守恒的量。爱因斯坦发现,在相对论中质量与能量密不可分,他将两个守恒定律结合为一个定律,给出了著名的质量-能量公式(简称质能公式):

$$E = Mc^2 \tag{1-14}$$

式中,c 是真空光速;$M = \gamma m$ 是相对论质量,m 是惯性系中物体静止时的质量,$\gamma = 1/\sqrt{1-v^2/c^2}$ 是相对论因子,v 是惯性系中物体的速率。于是质量可以看成它的能量的量度。可见,微小的质量蕴涵着巨大的能量,在后来的核反应试验中证明了这一点。同时根据质能方程,可以利用反证法推出"光速是宇宙中最快速度"。因为,当物体达到光速时,其质量将变得无穷大,这事实上是不可能的。然而,还有人提出,存在着两种宇宙,即"快宇宙"和"慢宇宙"。所有基本粒子在快宇宙中比光速快,即快子,因此,它们所组成的物质也比光速快,反之亦然。此外,有天文学家惊人地观测到超光速现象,包括星系相离的速度、类星体膨胀的速度等。但是,至今没有一种说法令人信服,也没有一种说法推翻相对论[23]。

　　狭义相对论建立以后,对物理学起到了巨大的推动作用。然而在成功的背后,却有两个遗留下的原则性问题没有解决。第一个是惯性系所引起的困难。抛弃了绝对时空后,惯性系成了无法定义的概念。可以说惯性系是惯性定律在其中成立的参考系,惯性定律实质是一个不受外力的物体保持静止或匀速直线运动的状态。然而"不受外力"是什么意思? 只能说,不受外力是指一个物体能在惯性系中静止或匀速直线运动。这样,惯性系的定义就陷入了逻辑循环,这样的定义是无用的。即使人们总能找到非常近似的惯性系,宇宙中也不存在真正的惯性系,整个理论如同建筑在沙滩上一般。第二个是万有引力引起的困难。万有引力定律与绝对时空

紧密相连,必须修正,但将其修改为洛伦兹变换下形式不变的任何企图都失败了,
万有引力无法纳入狭义相对论的框架。当时物理界只发现了万有引力和电磁力两
种力,其中一种就冒出来"捣乱",情况当然不会令人满意。

　　爱因斯坦只用了几个星期就建立起了狭义相对论,然而为解决这两个困难,建
立起广义相对论却用了整整十年。为解决第一个问题,爱因斯坦干脆取消了惯性
系在理论中的特殊地位,把相对性原理推广到非惯性系。因此,第一个问题转化为
非惯性系的时空结构问题。在非惯性系中遇到的第一只"拦路虎"就是惯性力。在
深入研究了惯性力后,他引入了一个著名的等效原理(认为不可能区分引力效应和
非匀速运动,即任何加速和引力是等效的),发现参考系问题有可能和引力问题一
并解决。他进而分析了光线在靠近一个行星附近穿过时会受到引力而弯折的现
象,认为引力的概念本身完全不必要。可以认为行星的质量使它附近的空间变成
弯曲,光线走的是最短路线。基于这些讨论,爱因斯坦导出了一组方程,它们可以
确定由物质的存在而产生的弯曲空间几何。利用这个方程,爱因斯坦计算了水星
近日点的位移量,与实验观测值完全一致,解决了一个长期解释不了的困难问题。
因此,建立在狭义相对论之上的广义相对论,重新定义了人们对引力的理解——通
过大质量天体而造成的时空扭曲。广义相对论最准确地描述了整个宇宙中的星系
和星系集群的运动,并预测了奇怪物体的存在,如黑洞以及引力透镜效应的现象。

1.3.3　量子力学

　　就在广义相对论取得巨大成就的同时,由哥本哈根学派创立并发展的量子力
学也取得了重大突破。量子力学是描写微观物质的一种物理学理论,是在 20 世纪
初由普朗克、玻尔、海森堡、薛定谔、泡利、德布罗意、玻恩、费米、狄拉克等一大批物
理学家共同创立的。通过量子力学的发展,人们对物质的结构以及其相互作用的
见解被革命化地改变,许多现象得以真正地被解释,新的、无法直觉想象出来的现
象被预言,而且后来获得了非常精确的实验证明。目前,许多物理学理论和科学
(如原子物理学、固体物理学、核物理学和粒子物理学以及其他相关的学科)都是以
量子力学为基础。

　　量子力学的基本原理包括量子态的概念、运动方程、理论概念和观测物理量之
间的对应规则和物理原理。在量子世界,粒子并非是台球,而是嗡嗡跳跃的概率
云,它们并不只存在一个位置,也不会从点 A 通过一条单一路径到达点 B。根据
量子理论,粒子的行为常常像波,因此粒子(或称物理体系)可能的状态(如它的位
置和速度)由波函数表示,波函数的任意线性叠加仍然代表体系的一种可能状态,
并且任何测量都会影响体系的状态。状态随时间的变化遵循一个线性微分方程,
该方程预言体系的行为;物理量由满足一定条件的、代表某种运算的算符表示;波
函数的模平方代表作为其变数的物理量出现的概率密度;测量处于某一状态的物

理体系的某一物理量的操作,对应于代表该量的算符对其波函数的作用;测量的可能取值由该算符的本征方程决定,测量的期待值由一个包含该算符的积分方程计算。根据这些基本原理并附以其他必要的假设,量子力学可以解释原子和亚原子的各种现象。

关于量子力学的解释涉及许多哲学问题,其核心是因果性和物理实在问题。

按动力学意义上的因果律说,量子力学的运动方程也是因果律方程,当体系某一时刻的状态被知道时,可以根据运动方程预言它的未来和过去任意时刻的状态。但量子力学的预言和经典物理学运动方程(质点运动方程和波动方程)的预言在性质上是不同的。在经典物理学理论中,对一个体系的测量不会改变它的状态,它只有一种变化,并按运动方程演进。因此,运动方程可以对决定体系状态的力学量做出确定的预言。但在量子力学中,体系的状态有两种变化:一种是体系的状态按运动方程演进,这是可逆的变化;另一种是测量改变体系状态的不可逆变化。因此,量子力学对决定状态的物理量不能给出确定的预言,只能给出物理量取值的概率。在这个意义上,经典物理学因果律在微观领域失效了。

量子力学表明,微观物理实在既不是波也不是粒子,真正的实在是量子态。真实状态分解为隐态和显态,是测量所造成的,在这里只有显态才符合经典物理学实在的含义。微观体系的实在性还表现在它的不可分离性上。量子力学把研究对象及其所处的环境看成一个整体,它不允许把世界看成由彼此分离的、独立的部分组成。关于远隔粒子关联实验的结论,也定量地支持了量子态不可分离。

在与经典物理的关系方面,玻尔于 1923 年提出了"对应原理",认为量子数(尤其是粒子数)高到一定极限后的量子系统,可以很精确地被经典理论描述。这个原理的背景是,事实上,许多宏观系统可以非常精确地被经典理论(如经典力学和电磁学)来描写。因此,一般认为在非常"大"的系统中,量子力学的特性会逐渐退化到经典物理的特性,两者并不相抵触。因此,"对应原理"是建立一个有效的量子力学模型的重要辅助工具。量子力学的数学基础是非常广泛的,它仅要求状态空间是希尔伯特空间,其可观察量是线性的算符。但是,它并没有规定在实际情况下,哪种希尔伯特空间、哪些算符应该被选择。因此,在实际情况下,必须选择相应的希尔伯特空间和算符来描写一个特定的量子系统。而"对应原理"则是做出这个选择的一个重要辅助工具。这个原理要求量子力学所做出的预言,在越来越大的系统中逐渐近似经典理论的预言,这个大系统的极限被称为"经典极限"或者"对应极限"。因此,可以使用启发法的手段,来建立一个量子力学的模型,而这个模型的极限,就是相应的经典物理学的模型。

1.4　空间碰撞研究的基本方法

研究空间碰撞问题时,常采用以下方法中的一种或多种。

第一种方法是纯粹的经验方法,依赖于大量实验数据的获取与分析。对于解决特定的问题,这是一种十分有效的方法。但如果要将实验信息拓展应用到实验条件之外(如实验速度范围之外的其他材料或几何形状),很有可能会遇到困难和风险。这种方法可为研究和理解碰撞效应及规律提供一些基本的解释。

第二种方法是在经验基础上通过理论分析获得的工程模型法。通常,这些模型源自基本守恒定律和从物质的变形、失效等碰撞响应过程中观察获得的一些假设和结论。这种方法的适用范围很宽,一般既可以用于简单的一维侵彻模型,也可以用于更加复杂的基于多种作用机制的二维或三维模型。由于在应用研究中它经常和第一种方法有重叠,有时并不能明显地加以区分,许多经验观察和曲线拟合方程直接被作为模型使用。

第三种方法是离散化方法,即将碰撞物体的结构分解为很多小的微元,对每一个小的微元应用基本的物理规律。采用合适的数值技术,通过有限元或有限差分程序,可以对一些复杂的问题进行求解。常用的方法有有限元法(finite element method,FEM)、有限差分法(finite difference method,FDM)、离散元法(discrete/distinct element method,DEM)、光滑粒子法(smoothed particle hydrodynamics, SPH)[24]、物质点法(material point method,MPM)[25]等。但是这类方法往往需要执行复杂的计算和耗费大量的时间,输入变量的任何改变一般也都需要重复执行整个数值程序,因此对使用者和使用条件有较高的要求。此外,在处理一些常见的问题时,该方法未必会比经验方法或工程模型法更精确。因此,该方法被更多地应用于科学研究,探索未知或复杂的物理事件,而工程应用较少(有时用于对其他方法的检验)。

可见,以上三种方法各有优缺点,任何一种方法都不可能提供与复杂碰撞现象有关的所有信息,因此它们也经常被组合使用。考虑本书的预期研究对象,后面主要对前两种方法的应用进行论述;有关离散化方法的研究和应用,这里只做简要介绍,感兴趣者可自行参阅相关专业文献。

第2章 航天器外部结构碰撞受损

不同尺寸空间碎片会对航天器的不同部分产生多种类型损害,空间碎片撞击航天器可能引起的损伤效应如表 2-1 所示[26]。微小碎片累积效应会改变敏感元器件的性能;撞击产生的电磁发射会干扰与破坏航天器电子与电力系统的正常工作;空间碎片还可能导致多种外部暴露设备的结构受损或失效;较大空间碎片撞击会导致穿孔、容器爆炸、破裂,甚至整个航天器或分系统的结构解体。

表 2-1 不同尺寸空间碎片超高速撞击航天器的损伤效应[26]

空间碎片尺寸	损伤效应
$<1\mu m$	单个粒子没有或很少导致损伤效应; 导致热、光或电特性改变的表面退化(喷砂效应)
$1\mu m$	暴露的 CCD 像素的暂时性饱和、永久性损伤(如 X 射线望远镜); 由于直接或者二次碎片云撞击导致镜面与传感器的退化; 击穿外涂层与表面层,导致其他环境因素(等离子体、原子氧)的侵害; 反溅产生更多微小碎片
$10\mu m$	可观测到的单个弹坑,例如,脆性材料表面(如玻璃)裸眼可见的弹坑($>200\mu m$),外露口盖的潜在密封性问题; 导致干扰姿态稳定,干扰编队飞行; 撞击等离子体的电磁干扰:闪光、冲击导致的无线电波
$100\mu m$	可观察到的敏感传感器与表面的损伤(需要替换舷窗); 切断细小系绳、弹簧、缆线; 击穿多层热防护层(MLI);击穿 $300\sim500\mu m$ 厚器壁; 击穿热管、冷却管、散热器;击穿太阳能电池单元(短路、点燃电弧)
$1mm$	根据不同的材料与厚度,可导致 2mm~1cm 直径的弹坑/弹孔; 击穿 3~5mm 厚的舱壁,导致舱内设备受损; 暴露设备结构损伤; 击穿容器、挡板、遮蔽伞、外部电缆等
$1cm$	导致航天器部件的结构损伤与毁坏; 击穿防护屏,包括特殊设计的载人舱段防护结构; 新产生较大尺寸空间碎片
$10cm$	彻底毁坏被击中的卫星或者分系统; 干扰航天观测

毫米、微米级碎片/微流星体与航天器的空间碰撞足以造成后者外部结构的损伤。根据弹丸与靶板的自身大小和相对尺寸,这类空间碰撞造成的航天器外部结构损伤主要包括机械损伤、材料性能衰减以及等离子体充放电效应带来的航天器故障。

2.1　主 要 现 象

按照空间碰撞中航天器外部结构机械损伤的类型,可将受撞结构分为厚板、中厚板、薄板三类。厚板碰撞现象主要是成坑,中厚板碰撞现象主要是成坑、鼓包和层裂,薄板则一般在碰撞过程中被击穿并在板的背面形成碎片云。伴随碰撞过程的还有等离子体充放电效应和闪光现象,以及由此造成的材料性能下降。表 2-2 列出了不同撞击速度下材料的物理现象及加载手段。

表 2-2　不同撞击速度下材料的物理现象及加载手段

速度	物理现象	加载手段
>12km/s	爆炸撞击(相撞物体气化)	电炮
3～12km/s	流体动力学(不能忽略材料的压缩性)	爆轰加速、电炮、气炮
1～3km/s	材料的流体行为;压力接近或超过材料强度;密度是主要参数	火药炮、气炮
0.5～1.0km/s	黏性(材料强度效应明显)	火药炮
50～500m/s	主要是塑性	机械装置、空气炮
<50m/s	主要是弹性、局部塑性	机械装置、空气炮

2.1.1　薄板击穿并生成碎片云

薄板是相对而言的,其板厚小于弹体特征尺寸,一般在碰撞过程中板被击穿并在板的背面形成碎片云。碎片云的主要几何特征包括外泡及内部结构,外泡结构主要由破碎的靶板材料构成;内部结构又分前端、中心区、后部三部分,前端由细小或已熔化的部分弹丸材料与靶板材料构成,中心区主要由较大尺寸弹丸碎片组成,弹丸粉碎后的主要质量集中于该区;后部呈半球状,主要由弹丸后表面层裂分离所致。当其他条件不变时,弹丸撞击速度越高,中心碎片直径越小。图 2-1 是碎片云形成过程示意图[27]。

2.1.2　厚板撞击成坑

厚板是指受弹丸撞击后在表面形成弹坑且板厚大大超过弹坑深度的靶板,主要现象是成(开)坑。与厚板相关的一个概念是半无限(semi-infinite)厚板,它是一种理想模型,撞击时的坑形只受表面卸载膨胀的影响,因直径与厚度均为半无限而

(a) 碎片云实验图

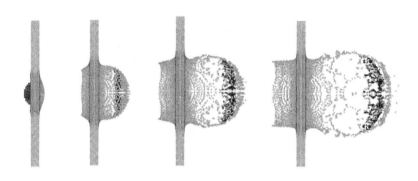

(b) 碎片云仿真图

图 2-1　碎片云形成过程示意图

不受从侧面和相反于打击方向来的卸载影响。实际上,直径和厚度大于四五倍坑径的圆柱形厚板便可近似当成半无限厚板。

　　厚板撞击成坑过程一般分为四个阶段,如图 2-2 所示。

(a) 冲击波加载阶段　　(b) 准稳侵彻阶段　　(c) 空化阶段　　(d) 弹性回弹阶段

图 2-2　弹丸超高速碰撞厚板成坑形状

　　(1) 冲击波加载阶段。撞击后冲击波从撞击点大体呈半球形扩散衰变,来自自由表面的稀疏波则向对称轴方向汇聚卸载,使冲击波渐趋衰弱。

　　(2) 准稳侵彻阶段。弹丸变扁,弹丸材料和坑底附近的靶材内具有缓慢的速度分布,界面速度不断减低,但变化比较缓慢。

（3）空化阶段。弹丸材料已广泛铺开在坑底上,不再有动能供给靶材,坑形的变化依赖于靶体材料的惯性,在强度阻力作用下,逐渐减速直至静止。

（4）弹性回弹阶段。材料的弹性应力使坑形回缩至最终坑形。

弹坑的共同特征是[28]:无论在哪一种碰撞情况下,在弹坑上端、靶材表面形成一层薄的凸缘,凸缘的根部和靶材相连,呈现因挤压而向外缘延伸的形态。

2.1.3　中厚板鼓包层裂

中厚板是指靶板厚度与撞击侵彻深度相接近,主要现象是撞击成坑、鼓包和背面材料剥落。超高速弹丸侵彻中厚板的前期与厚板完全相同,主要是成坑,但是后表面的冲击波反射对侵彻产生影响。靶板中反射稀疏波与入射冲击波相互作用后,靶中出现拉伸区,背表面附近的粒子速度增大。随着反射稀疏波向靶板的深处传播,拉伸区应力幅值逐渐增大,当它达到靶板材料的动态拉伸强度时,形成碎裂片。此时,波系中的一部分动量将保留在该层裂片中,使之以一定速度从其"母体"抛出,自由地向前飞行。由于靶板中冲击波很强,当第一层裂形成以后,在靶板新的背面还会产生第二层裂,只要在新的背面上产生的稀疏波与靶中传播的冲击波相互作用后,出现的拉伸应力超过材料的动态拉伸强度极限,这个过程就会一直继续下去,直至冲击波衰减到很弱。

图 2-3 给出了 5mm 厚 5A06 铝合金板在不同撞击速度下的鼓包和层裂现象[29]。可以看出,用直径为 4.35mm 的 2017 铝合金球形弹丸高速正撞击 5A06 铝合金板,当撞击速度为 1.62km/s 时,在撞击坑中仍然可以发现比较完整的弹丸,此时弹丸已发生了严重的塑性变形。同时靶板背面撞击处出现了明显的由靶板材料拉伸变形所形成的鼓包,但无靶板材料的剥落,如图 2-3(a)所示。用直径为 2mm 的球形弹丸超高速正撞击 5A06 铝合金板,当撞击速度为 4.39km/s 时,靶板背面鼓包处出现材料剥落现象,但此时靶板未被击穿,如图 2-3(b)所示。

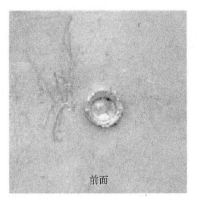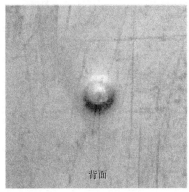

(a) 弹丸直径4.35mm, 撞击速度1.62km/s

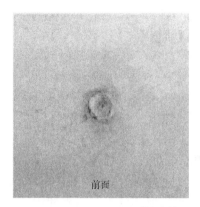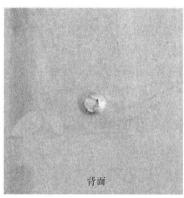

(b) 弹丸直径2mm, 撞击速度4.39km/s

图 2-3　中厚板撞击成坑层裂现象

表 2-3 为试验得到的 5A06 铝合金中厚板典型的撞击损伤形式,包括撞击损伤特征,以及产生该撞击损伤形式的撞击条件。

表 2-3　5A06 铝合金中厚板典型的撞击损伤形式

典型损伤形式	损伤特征	形成条件
	半球形弹坑,弹坑边缘有一圈凸缘,背面鼓包,无裂纹和材料剥落	当撞击速度较低时形成,此时反射波强度小于材料剥落强度,尤其在塑性较好的材料中易形成
	半球形弹坑,弹坑边缘有一圈凸缘,背面鼓包,无裂纹和材料剥落	当撞击速度较低时形成,此时反射波强度小于材料剥落强度
	锥形穿孔,前侧穿孔边缘有一圈凸缘,前侧孔径大于后侧孔径,背面鼓包,无材料剥落	当弹丸直径较大、撞击速度较低时形成,此时反射波强度小于材料剥落强度
	锥形穿孔,前侧穿孔边缘翻边,前侧孔径大于后侧孔径,背面穿孔边缘材料剥落	当弹丸直径较大、撞击速度较高时形成,此时反射波强度大于材料剥落强度
	半球形弹坑,弹坑边缘有一圈凸缘,背面鼓包,鼓包处材料剥落	当弹丸直径较小、撞击速度较高时形成,此时反射波强度大于材料剥落强度
	靶板完全被击穿,前侧孔径等于后侧孔径,无材料剥落	当靶板较薄、撞击速度较高时形成

由上述 5A06 铝合金中厚板撞击损伤现象可以看出：

(1) 撞击成坑的共同特点是：在撞击坑上端、靶材表面形成一层薄的凸缘，凸缘的根部与靶材相连，呈现因挤压而向外缘延伸的形态，由于撞击速度的不同，每个撞击坑都具有各自的特殊性。

(2) 撞击穿孔的共同特点是：靶板撞击面最大孔径大于或接近于靶板背面孔径，贯穿靶板的穿孔呈圆锥形，由于撞击速度的不同，锥形穿孔的锥度有所不同。

(3) 背面鼓包的共同特点是：靶板背面对应撞击点处形成一个球形凸起，从与靶板相连的根部开始，凸起表面材料呈现膨胀延伸的形态，由于撞击速度的不同，凸起的高度有所不同。

(4) 背面剥落的共同点是：靶板背面对应撞击点处的表面材料层裂且部分崩落，剥落边缘翘起，由于撞击速度不同，剥落面积和翘起高度有所不同。

2.1.4 撞击诱发放电和闪光

1. 等离子体效应

微小空间碎片撞击形成的机械损伤对航天器影响较小，但撞击抛射的等离子引起的电磁效应危害却不容忽视。当物体发生高速撞击时，在碰撞的初始阶段，高速碰撞使物体的动能在很短的时间内转化为内能，撞击区域的温度急剧升高，高温会导致材料熔化甚至气化产生高压蒸气，气体中的中性粒子得到激发，粒子的热运动也相应加剧，中性粒子之间、中性粒子与激发态粒子之间相互碰撞而电离，从而产生等离子体，形成高密度等离子体云。如果撞击发生在航天器充放电敏感的区域或航天器太阳能电池上，撞击抛射的等离子体极有可能会触发其"异常"放电，由此导致航天器放电阈值降低、频次增加，甚至引起航天器充放电和太阳能电池静电防护"失效"。在充放电效应研究中，研究人员很早就指出碎片撞击是撞击触发航天器在轨放电的重要机制之一。

美国学者 Frichtenicht 和 Slattery 于 1963 年首次发现了超高速撞击产生等离子体现象。在航天器空间环境中，空间微小碎片、流星体数量巨大，在与航天器及部组件撞击过程中，产生等离子体云，若此等离子体进入航天器内部电路，则可造成航天器故障，严重威胁在轨航天器的安全。关于碎片超高速撞击诱发放电对航天器的危害，已被列为空间碎片对航天器影响最为严重的一种机制[30]。

微小空间碎片撞击航天器的电磁效应对航天器的影响主要有两种机理：一种是撞击形成的致密等离子体覆盖到航天器带电区域，导致该区域在较低电压下发生静电放电，放电脉冲冲击航天器的电子系统导致其异常甚至失效；另一种是撞击形成的等离子体在扩散过程中形成电磁脉冲，该电磁波可能会耦合到航天器的工作电路和天线中，形成干扰和"虚假"信号[31]。

2. 闪光效应

闪光现象是超高速碰撞过程中的另一个重要效应。它一般伴随着等离子体效应同时发生,是材料受高速撞击产生的能量辐射。撞击产生的等离子体中含有许多电子和离子,这些电子与离子之间相互作用,可能导致电磁波的辐射,如韧致辐射、复合辐射和线辐射等。

试验发现,在6~25km/s的撞击速度范围内均可以观察到闪光现象[32]。其发光光谱的谱形主要取决于撞击的初始条件,其峰值取决于撞击速度、撞击角度和撞击物与靶体的材质;发光光谱由两部分组成,开始时出现一个较高的强度峰值,然后伴随着较长时间的一段平缓的衰减信号。

文献[33]中直径为6.4mm的实心铝弹丸撞击铝靶(均为LY12铝)的试验表明,闪光光谱呈现出超高速撞击发光光谱的典型特征:先出现较高较陡的强度峰值,然后伴随着较低较缓的衰减信号。其闪光强度随时间变化曲线如图2-4所示。

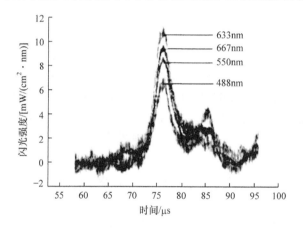

图 2-4 碰撞闪光强度随时间的变化曲线

在超高速撞击试验中,通过对发光信号的监测,利用光谱分析法测量超高速微粒撞击形成等离子体的温度和密度是最有效的方法,也是深入研究微小空间碎片撞击诱发放电效应的基础。国内外相关机构已利用该方法对毫米级以上微粒撞击生成等离子体的参数进行了监测。文献[34]对百微米级微粒超高速撞击的发光信号进行了监测,结果显示撞击闪光信号的持续时间约为10μs,其中前2μs以撞击激发电离形成的光为主,之后以电离成分的复合发光为主。对撞击诱发放电过程中发光的监测结果表明:高电压的放电中,撞击形成低电离度的等离子体,会伴随着气体成分的多次击穿电离,使得放电电流的幅度和持续时间大大加强;低电压下的放电中,放电电流的幅度和持续时间减弱,撞击发光时间远长于放电持续时间,只有少部分等离子体参与到放电过程。

2.1.5　材料性能衰减

毫米级以下微小空间碎片数量巨大,频繁地撞击航天器外表材料,由此产生的累积撞击效应会对航天器分系统的寿命和可靠性造成了严重影响。

微小碎片的累积撞击效应将导致光敏、热敏等材料或器件的功能衰退,以及降低光学表面的光洁度、改变温控辐射表面的辐射特性、击穿航天器表面原子氧防护等。随着这种撞击效应的累积,在航天器寿命的中后期会对航天器相关的光学表面产生严重的化学污染、凹陷剥蚀或断裂,破坏太阳能电池阵的电路及温控系统等易损表面,使航天器系统功能下降或失效,严重威胁航天器的寿命和可靠性。同时,空间原子氧侵蚀和微小碎片撞击协同作用将加剧受损面的砂蚀和剥落,并加剧航天器光学敏感表面污染和破损。

微小碎片撞击航天器表面材料,除了直接的撞击损伤外,撞击产生的抛射物质数量更大、覆盖面积更广,作为二次污染将导致太阳能电池故障、电池局部短路,降低光学器件和热敏器件性能等,加剧缩短航天器系统的寿命和降低其可靠性。

2.2　地面模拟试验

地面模拟试验是研究超高速碰撞问题的一种重要手段。典型的地面模拟试验系统一般由发射器系统、靶室系统和测试系统组成,如图 2-5 所示。

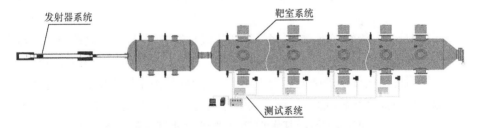

图 2-5　超高速碰撞地面模拟试验系统示意图

2.2.1　超高速弹丸发射技术

在超高速碰撞地面模拟试验中,常采用超高速发射装置发射的超高速弹丸来进行撞击试验。为此,国内外先后发展了轻气炮、激光驱动、等离子体和粉尘静电加速技术等多种超高速弹丸发射技术。其中,二级轻气炮加速技术适用于毫米级弹丸的超高速撞击试验;激光驱动飞片技术适合加速百微米量级的粒子;等离子体加速技术适合加速几十微米以下的粒子;粉尘静电加速技术适合加速几微米及以下的粒子[35]。不同超高速发射装置的现有能力如图 2-6 所示。

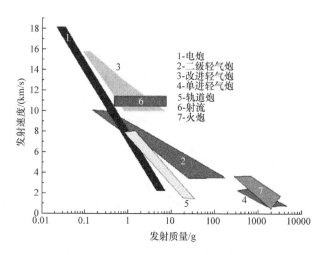

图 2-6　不同超高速发射装置的现有能力

1. 轻气炮加速技术

轻气炮利用分子量小、声速高的轻质气体(氢气或氦气)膨胀做功的方式来推动弹丸,是目前国内外最为常用的超高速发射设备。与其他发射技术相比,该技术对所发射的弹丸质量、尺寸、形状和材料的限制较弱,并且弹丸能够在较低的加速度和较小的应力下获得较高的速度。因此,轻气炮成为非常有效和实用的超高速试验设备。

轻气炮分为一级轻气炮、二级轻气炮和三级轻气炮,具有火药驱动和非火药驱动两种形式。其中,一级轻气炮是直接用压缩状态下的轻质气体为发射工质,驱动弹丸在膛内加速,气体随着弹丸运动不断膨胀,弹底压力不断下降,难以达到超高速,所以需要发展多级轻气炮;二级轻气炮作为超高速发射设备,是进行毫米级弹丸超高速撞击的主要试验设备,其发射弹丸的最大速度一般小于10km/s;三级轻气炮是在二级轻气炮的基础上加入一级泵管,能够将弹丸加速到10km/s或者更高。在航天领域内,二级轻气炮可用来模拟毫米级空间碎片对飞行器的超高速撞击,下面重点论述二级轻气炮。

1) 轻质气体特性

对于一般火炮,弹丸初速度一般在1~2km/s。火药气体具有较大的分子量,这是限制弹丸初速度的主要原因。火药气体推动弹丸运动,火药气体本身也消耗很多能量为自己加速,相应地就减少了推动弹丸运动的能量,所以弹丸速度得不到有效的提高。表2-4给出了推进气体的性能参数,表明将不同气体注入相同密闭空间时,获得同样压力所需的气体质量是有很大差别的。例如,将氢气装进一个密闭空间内使其达到 200MPa 压力,这时氢气的质量仅是空气的 7%,或者是火药气体的 4%。因此,将轻质气体作为推动弹丸的能量来源,会使弹丸速度显著增大。氢气、氦气就是轻气炮常用的轻质气体。

表 2-4　推进气体的性能参数

气体	压力/MPa	密度/(kg/m³)	声速/(m/s)	温度/K
氢	0.1	0.0887	1260	273
	200	20.2	3730	3392
氦	0.1	0.176	971	273
	200	16.8	4440	5723
空气	0.1	1.27	330	273
	200	291	974	2376
火药气体	0.1	1.23	318	273
	200	542	681	1250

注:气体等熵压缩至 200MPa。

2) 二级轻气炮的结构和原理

图 2-7 是火药驱动式二级轻气炮结构及原理图,它包括火药室、大膜片(Ⅰ)和小膜片(Ⅱ)、活塞、泵管、高压段、弹丸和发射管。二级轻气炮分为两个部分,即火药室压缩级和轻气室发射级。火药室压缩级装填的是七孔、十九孔或者其他火药,轻气室泵管中注入具有初始压力的轻质气体。

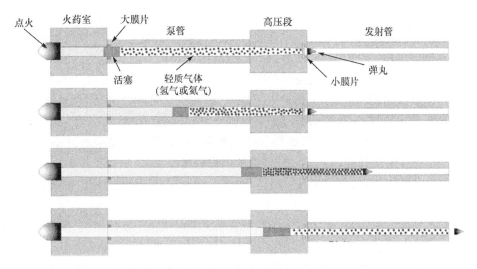

图 2-7　火药驱动式二级轻气炮结构及原理示意图

从图 2-7 可以看出,火药室和轻气室是相互独立的,中间由活塞连接,发射管与泵管之间的连接部件是高压段,其特点是强度高、尺寸大,采用螺纹或法兰方式连接各段管子,优点是便于安装和调整膜片Ⅰ、膜片Ⅱ、活塞、弹丸等装置,也便于取出破裂的膜片、损坏的密封件和活塞,且不存在漏气现象。膜片Ⅰ主要作用是保证泵管的真空密封,也控制活塞的启动时间,它对药室压力峰值有一定的影响。活塞将火药化学能转化为活塞动能,同时压缩轻质气体,相当于将火药能量传递给气室的轻质气体,使气体达到高温、高压,很大程度提高轻质气体声速。膜片Ⅱ的作用也是保证泵管的真空密封,同时控制弹丸的启动压力。

整个发射过程可分为以下几个阶段:

(1) 最初时刻,火药装在药室内,具有一定压力的轻质气体注入泵管,随后点火系统点燃火药,随着火药的燃烧,其产生的高温高压火药气体越来越多,药室内压力不断增加。

(2) 当药室压力增大到一定程度并大于膜片Ⅰ的破膜压力时,膜片Ⅰ破裂,高温高压火药气体使活塞加速运动,相当于火药气体的能量转化为活塞动能。

(3) 随着活塞推动泵管内的轻质气体,冲击波在弹丸和活塞中间的轻质气体中反复叠加,致使轻质气体被压缩和加热,越高的活塞速度产生越强的冲击波,它可通过活塞质量和装药量等参数进行控制和调节。随着冲击波越来越强,轻质气体压力和温度越来越大。

(4) 当轻质气体压力增大到一定程度并大于膜片Ⅱ的破膜压力时,膜片Ⅱ破裂,高温高压轻质气体推动弹丸运动,此时活塞运动没有停止,轻质气体仍然继续被压缩,为弹底气体压力提供了一个恒压阶段,在这恒压的作用下,弹丸匀加速从而使弹速得到了进一步提高。

(5) 活塞停止运动,轻质气体膨胀推动弹丸继续加速运动,弹丸获得超高速,最后从炮口飞出,此时二级轻气炮内弹道过程结束。

从图 2-7 可以看出,二级轻气炮内弹道过程包含火炮内弹道过程和轻质气体动力压缩膨胀过程,通过活塞传递火药能量,轻质气体传递活塞能量,最终轻质气体的能量传递给弹丸,这些过程看似相互独立,但又相互影响。

图 2-8 是非火药驱动式二级轻气炮结构图,它主要由压缩级和发射级组成。图 2-9 描述了非火药驱动式二级轻气炮的工作原理[36]。

(1) 击发阶段:高压气室发射机构被击发,活塞在高压氮气的推动下压缩弹后气室的氢气。

(2) 弹丸发射阶段:弹后气室的氢气压力达到一定值,膜片破裂,膜片后面的弹丸和弹托被高速发射。

(3) 弹托分离和测速阶段:弹托被弹托分离器拦截,弹丸继续向前飞行并通过测速装置,测速信号被存储示波器记录,用于计算弹丸速度。

(4) 弹丸撞击靶件阶段:弹丸撞击安装于靶舱内的靶件,其瞬态过程可被闪光

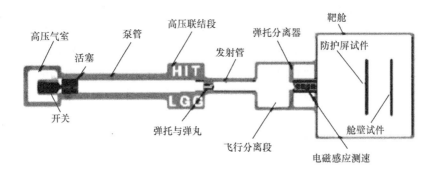

图 2-8　非火药驱动式二级轻气炮结构图

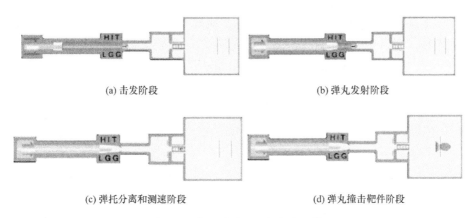

图 2-9　非火药驱动式二级轻气炮工作原理

X 射线高速成像系统和光学高速摄影机记录。

3）二级轻气炮研究现状

为支持航天事业的发展,各航天大国先后展开轻气炮超高速撞击地面模拟试验技术研究,其中美国国家航空航天局(NASA)的试验能力处于世界领先水平。

美国 NASA 负责超高速撞击地面模拟试验的单位主要有:HVIT(Hypervelocity Impact Technology)实验室、白沙试验研究所(White Sands Test Facility,WSTF)和 Ames 研究中心等。其中,HVIT 实验室负责分析空间碎片、微流星体对航天器的碰撞风险,进而开发新的防护方案及航天器构型设计,并研制先进的防护结构样本,它也具有独立进行小规模超高速撞击试验技术的能力。白沙试验研究所对防护样本进行弹道极限测试,并分析试验结果,其研究成果在国际空间站等航天器的防护措施设计及评估中起到不可忽视的作用。白沙试验研究所的RHTL(Remote Hypervelocity Test Laboratory)服务于 NASA 约翰逊航天中心(JSC)。该实验室拥有 4 台二级轻气炮,每年进行几百次超高速撞击试验,可将直径 0.05～22.2mm 的弹丸加速至 7.5km/s 以上。弹丸形状可为球形、圆柱体、圆盘形、立方体或其他复杂形状。由于地处偏远,该实验室可对有毒或易爆的材料(如电池、航空航天流体和高压容器等)进行超高速撞击地面模拟试验,其密封靶舱可承受 2.3kg TNT 爆炸时释放的能量。Ames 研究中心在 NASA 展开的行星地质与地球物理计划、阿波罗登月计划、双子星探测器设计等方面做出了突出贡献。

近年来,我国超高速撞击地面模拟试验能力不断加强,中国空气动力研究与发展中心、中国科学院力学研究所、中国工程物理研究院、四川大学、西北核技术研究所、哈尔滨工业大学以及中国空间技术研究院等多家单位陆续拥有二级轻气炮等超高速撞击地面模拟试验设备。我国二级轻气炮发射口径大多为 7.6~50mm,发射速度一般在 8km/s 以下。不过,中国空气动力研究与发展中心已新建成口径 120mm 和 203mm 的发射装置,发射速度可达 6km/s 左右。

表 2-5[37,38] 给出了目前国内外的一些二级轻气炮,并列出了它们能够达到的最高弹速。

表 2-5　国内外部分二级轻气炮的最高弹速

所在部门	发射管口径/mm	弹丸质量/g	最高弹速/(km/s)
美国 NASA Ames 研究中心	5.6	0.076	9.84
	7.1	0.163	9.24
	12.7	0.941	9.46
	12.7	3.17	6.72
	12.7	0.941	9.46
	38.1	15.21	9.07
	38.1	27.41	8.50
加拿大军机研究中心(CARDE)	38.1	50.0	5.21
	101.6	1251.0	4.57
美国道格拉斯(Douglas)公司	12.7	4.0	6.10
	19.1	10.0	7.62
	19.1	14.0	6.40
	31.8	10.0	7.92
	31.8	25.0	7.31
美国通用汽车公司(GM)	20.0	3.73	9.90
	20.0	11.04	7.50
	60.0	87.0	8.90

续表

所在部门	发射管口径/mm	弹丸质量/g	最高弹速/(km/s)
美国海军军械实验室(NOL)	12.7	0.90	7.62
	12.7	4.00	6.10
	32.0	73.0	5.55
	32.0	95.0	5.18
美国国家研究实验室(NRL)	21.0	5.20	8.00
	21.0	16.20	7.00
	63.5	253	6.16
英国军械研究发展中心 (RARDE)	25.4	14.0	5.18
	25.4	28.0	3.66
中国工程物理研究院(CAEP)	30	30.0	8.62
	30	62.5	5.56
	37	51.8	6.85

2. 激光驱动飞片技术

激光驱动飞片技术(laser-driven flyer technique,LDFT)最初主要用于引爆爆炸物、信号弹及火箭推进剂。近年来,激光驱动飞片技术被应用到空间碎片地面模拟技术研究中。与其他模拟方法相比,其特点是结构简单、发射成本较低,容易与其他环境因素一起组成综合环境模拟设备,没有化学污染和电磁干扰,便于试验过程的参数测量和试验结果的分析评价。

激光驱动飞片技术的基本原理是利用高强度激光束直接照射到制备的飞片靶上,光束穿过飞片靶透明的基底材料入射到金属膜表面,使金属膜表面瞬间蒸发、气化、电离,产生高温高压等离子体。等离子体受到基底材料的约束,产生高压冲击波作用在剩余金属膜上,形成飞片以超高速驱动出去(图 2-10)。

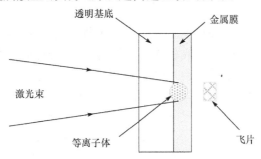

图 2-10　激光驱动飞片技术原理图

激光驱动飞片技术的关键在于飞片靶的制备。目前常用的飞片靶主要有单膜结构和多膜结构。单膜结构主要采用将金属薄膜直接与玻璃基底材料黏结在一起,激光直接烧蚀部分薄膜产生等离子体,并把剩余薄膜作为飞片驱动出去。多膜结构一般采用特定的烧蚀涂层吸收激光能量,产生等离子体驱动飞片薄膜,并采用隔热材料进一步保护飞片材料。

激光驱动飞片技术需要等离子体冲击波能将飞片从金属膜上剪切下来并以超高速驱动出去,同时保证激光入射区的金属膜不被全部熔化蒸发。一般而言,$1.064\mu m$ 激光在金属表面的入射厚度为 $0.005\mu m$,而试验通常选用金属膜厚度为几微米到十几微米。因此,只要激光能量足够大,脉冲宽度选择合适,激光入射区的金属膜不会被全部熔化蒸发,并能产生超高速飞片。

衡量激光驱动飞片技术水平最直接、最关键的技术指标有两个:一个是飞片的速度,另一个是飞片的完整性和平面性。在保证飞片完整性的基础上,如何提高飞片的发射速度,一直是激光驱动飞片技术研究领域的研究热点。

激光驱动飞片的物理基础是激光的(热)烧蚀效应,飞片驱动过程涉及激光与材料的相互作用、材料物态的变化(熔融、气化、等离子体化等)、等离子体对激光的吸收和屏蔽作用,以及冲击波的形成、传播、反射和相互作用等物理问题。对激光驱动飞片的物理过程进行完整的理论描述和精确的数学求解是非常困难的。因此,人们建立了一些简化的物理模型,以预估飞片的终极速度,如美国 Sandia 国家实验室的 Lawrence 建立的一维解析计算模型(Lawrence 模型)、中国工程物理研究院孙承纬院士建立的考虑相变的理论计算模型等。

美国空军 Phillips 实验室研制了一台激光驱动飞片模拟空间碎片装置,其激光器能量为 20J,脉宽为 20ns,可以将直径 3mm、厚 25μm 的铝飞片加速到 4.5km/s。国内应用激光驱动飞片技术进行空间碎片研究的主要有北京卫星环境工程研究所,其研制的激光驱动飞片设备激光器能量为 20J,脉宽为 20ns,可以将直径 1mm、厚 7μm 的铝飞片驱动出去,速度可以达到 8.3km/s。

3. 等离子体加速技术

等离子体加速技术将高压电能储存在电容器内,通过电容器储存能量在金属丝或金属膜上放电,产生高温、高压等离子体,将微粒加速到超高速范围。等离子体加速技术适合微粒子群的发射,其发射机理是靠超高速等离子体流对微粒子群的"拖曳"作用。因此,被发射的微粒子群的粒子速度有一个速度梯度分布。粒子的最高速度和速度分布是粒子尺寸、形状、密度和加速器参数的复杂函数。

图 2-11 为等离子体驱动微小碎片加速器实物图,加速器主要由同轴电极、压缩线圈、高压电容器组、脉冲充气阀、放电开关、充放电控制回路及真空系统等组成,其原理示意图如图 2-12 所示。

图 2-11　等离子体驱动微小碎片加速器实物图

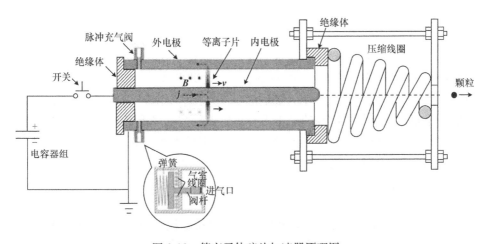

图 2-12　等离子体碎片加速器原理图

当开关导通时,高压电容器组向同轴电极施加高压,使同轴枪内充入的气体脉冲在高压下发生击穿放电,在内外电极间形成等离子体及电流 j,同时在内外电极间产生环向磁场 B,$j×B$ 产生的磁压力使等离子体向前加速运动,在同轴枪末端等离子体可被加速到每秒几十千米;超高速等离子体喷入锥形压缩线圈瞬间,等离子体所带的高电位(来自高压电容器)使其对线圈(接地)放电,如图 2-13 所示,在线圈中形成螺旋状放电电流 I_c,并在线圈内产生轴向磁场 B,同时在等离子体中感应出涡形电流 j_ϕ,$j_\phi×B$ 形成指向轴心的磁压缩力 f,将等离子体压缩至高密度,从而形成高速高密度的等离子体射流,将置于喷嘴处的微粒瞬间喷出形成超高速微粒。高速微粒经过飞行管道到达靶室,靶室内设有样品架用于安装撞击测试样品,在样品架内部及飞行管道末端分别布置了压电传感器和光学测量系统,用于对微粒的速度进行监测[39]。

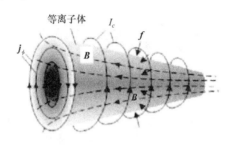

图 2-13　等离子体压缩原理图

美国 Auburn 大学建有等离子体动力加速器,该加速器可将 $50 \sim 150 \mu m$ 的弹丸加速到 $5 \sim 12 km/s$。中国科学院空间科学与研究中心研制了等离子体动力加速设备,可以将 $100 \mu m$ 和 $200 \mu m$ 的玻璃微粒分别加速至 $5.5 km/s$ 和 $9.3 km/s$。

4. 粉尘静电加速技术

空间粉尘(space dust)的称谓来源于空间探测,最初是指宇宙尘埃,后来人们习惯性地将微米级或更小尺寸的空间碎片和微流星体也称为空间粉尘。在低地球轨道,微小空间碎片或微流星体的数量远多于大尺寸空间碎片,与航天器撞击的概率高,微小空间碎片的单次高速撞击不会对航天器造成严重损害,但累积撞击会使航天器的表面受到损伤,其中热控涂层、太阳能电池及光学器件(如反射镜、透镜、防护玻璃和舷窗)受到的撞击损伤最大。随着对航天器寿命和可靠性要求的不断提高,微小空间碎片或微流星体高速撞击特性及其对航天器外表材料和器件的累积损伤效应日益引起重视。

1960 年,Shelton 提出使用静电加速方法对粉尘粒子进行加速,通过对用于核物理研究的离子源改造设计了第一个粉尘源。1978 年德国 Max-Plank 研究所设计研制了第一台粉尘静电加速器。粉尘静电加速装置由加速器、传输管和靶室三部分组成,如图 2-14 所示。

加速器对粉尘源释放的带电粉尘粒子进行加速,通过加速器提供的加速电压,将电势能差转化为粉尘粒子动能。通过能量守恒可以计算带电粒子的最终速度,粒子速度主要与其荷质比和加速电压有关。通过与传输管连接的电感放大器可以测量粒子的速度和电荷,进而根据能量守恒可以计算出粒子的质量和半径。

通过传输管中与高压转换电路连接的偏置器可挑选符合条件的粒子,不符合条件的粒子被电容器板偏置出去,具体有三种操作模式:

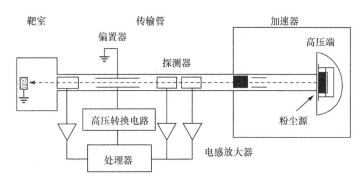

图 2-14　粉尘静电加速技术结构原理图

（1）单一模式，设置了速度和质量范围，每挑选一个粒子即停止。

（2）自动模式，设置了速度范围。

（3）连续模式，所有粒子都可以通过。

国际上包括德国、美国、英国和日本在内的许多国家都先后利用粉尘静电加速技术建成了微米级空间碎片地面模拟设备。其中，德国 Max-Plank 研究所研制的粉尘加速器是一个 2MV 的静电加速器，可以将 $0.02\sim6\mu m$ 的带电粒子加速到 $1\sim100km/s$，粒子材料可以是金属、碳或聚合物涂层的橡胶；英国 Kent 大学粉尘静电加速器可将尺寸为 $0.04\sim4\mu m$ 的粉尘粒子加速到 $0.5\sim90km/s$；日本近年来也发展了专用于微米级空间碎片研究的 100kV 加速器。国内哈尔滨工业大学建有 0.5MV 的粉尘静电加速器，设备可将 $1\mu m$ 的粒子加速至 $3\sim7km/s$。

2.2.2　弹丸速度测量技术

1. 激光测速方法

激光测速即以激光时间间隔计。在发射管处设置两处激光光幕（图 2-15）。试验中测量弹丸通过两个激光幕的时间间隔 Δt，已知两激光幕间距离为 d，则可计算出弹丸速度 $v=d/\Delta t$。这种测速方法对氢气驱动的二级轻气炮不适用，因为由弹丸间隙飞到弹丸前端的氢气持续长时间发光，光电管受到发光氢气的照射，难以产生截止信号。

2. X 射线测速方法

当弹丸进入第一个 X 射线成像区时，X 射线管闪光，计时器记录弹丸投影到底片上时的闪光时间。当弹丸到达第二个成像区时，计时器再次记录闪光时间。通过时间间隔，结合底片上记录的弹丸飞行距离，即可计算出弹丸飞行速度。

X 射线方法测量弹速的工作示意如图 2-16 所示。试验时，当弹丸进入测速区

图 2-15　激光测速装置

后,首先遮挡恒流 X 射线触发系统,生成的触发信号使计时器开始计时。当弹丸进入第一个 X 射线管照相区时,X 射线管闪光,将弹丸投影到底片上,计时器记录闪光时间。当弹丸到达第二个 X 射线管照相区时,X 射线管又一次闪光,将弹丸投影到第二个底片上,同时又被计时器记录下第二次闪光时间。在照相的通道上放置一个镶嵌铅刻度线的标尺,闪光照相时在底片的背景上同时将标尺刻度拍下来,在底片判读仪上就可以读出两次闪光期间弹丸所飞行的距离,结合计时器记录的两次闪光时间,就可以得到弹丸飞行速度。这种方法直观,精度高。

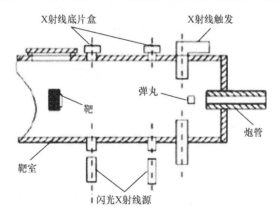

图 2-16　X 射线闪光照相测速原理图

3. 电探针方法

以速度 v 飞行的弹丸前端与接地探针接触,然后依次通过间距为 d 的两根探针。在弹撞板接触每根探针时,会有信号输出。通过时间间隔 Δt 即可计算出弹丸速度。该方法在一级轻气炮上有较好的应用,采用特制探针也可应用于二级轻气炮。

固定磁体感应测速方法是目前国内采用较多的一种方法,其原理如图 2-17 所示。导体运动时,穿过导体(即飞片)的磁通量发生变化,并在飞片内部激发起感生电流,感生电流的方向与磁通量变化的方向垂直。由于任何电流过程都伴随有磁场产生,根据电磁相互作用的原理和场的叠加性,这个感生电流的磁场将使原来的磁场强度发生变化。飞片通过固定磁体的磁场时,使安装在磁体附近线圈中的磁通量发生改变,在线圈的输出端得到一个感应电信号。在弹丸飞行路径上的不同位置放置两个或多个线圈与磁体组件,根据各感应信号出现的时间就可以计算出弹丸的飞行速度。

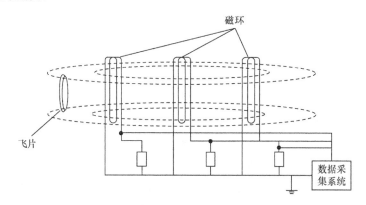

图 2-17　固定磁体感应测速原理图

这种测量方法弹丸结构简单,可以制成强度较好的整体弹丸。因为口径较小的磁环在发射过程中容易保护,试验装置可以多次重复使用,所以这种方法在小口径二级轻气炮上使用起来较为经济。在大口径二级轻气炮上,用这种方法也可以取得满意的试验效果,但是大口径的磁环在高压气体作用下很容易破碎,消耗很大,而且价格偏高。此时可以采用磁飞行体方法进行速度测量,即在弹丸内部安装小块磁体,用普通线圈代替磁环,当弹丸飞越线圈时同样使线圈中产生感应电信号,节约了试验成本,但破坏了弹丸的整体性。

这种方法结构简单,经济性好,但是弹丸材料必须是导体材料,否则得不到感应信号,而且当弹丸体积过小时,感生电流的磁场不能引起原磁场的明显变化,从而导致测速失败。

4. **磁感应方法**

在弹丸飞行路径上设置磁环,磁环平面垂直于弹丸飞行方向。导体(弹丸)飞行时,穿过导体的磁通量发生变化,内部激发感生电流,感生电流方向与磁通量变化方向垂直。电磁相互作用原理和场的叠加性,以及感生电流产生的磁场改变原有的磁场强度,使磁环中磁通量发生变化。该变化发生的时刻即为导体通过磁环的时刻。通过在弹丸飞行路径上设置多个磁环,记录各感应信号,可计算出弹丸的飞行时间。该测量方法要求弹丸必须为导体材料,否则无法测速。这种测量方法适用于小口径二级轻气炮,此时磁环在发射过程中不易损坏,可多次重复使用。

对于大口径轻气炮,常常采用磁飞行体方法进行测速,即在弹丸内安装小磁体,同时利用普通线圈代替磁环。当弹丸通过线圈时,同样会在线圈中产生感应电信号。这种方法节约了试验成本,但破坏了弹丸的整体性。

2.2.3　撞击过程监测技术

1. 激光阴影成像技术

为了进行超高速碰撞现象研究,中国空气动力研究与发展中心运用单幅激光阴影成像技术,在解决了系列衍射和干涉效应等影响后成功地获得了超高速碰撞过程中清晰的碎片云图像。在该技术基础上,运用多光源空间分离技术等先后实现了超高速碰撞过程的2序列、4序列和8序列激光阴影照相,可以在一次试验中清晰获得微秒级变化过程多个不同时刻的阴影图像[40]。

1）单幅激光阴影成像系统

单幅激光阴影成像系统是超高速多序列激光阴影成像系统发展的基础,如图 2-18 所示。该系统主要由光源系统、准直系统和成像系统组成。光源系统发出的激光束经扩束后由准直系统转为平行光束,平行光束穿过测试区后由成像系统把测试目标的阴影图像记录在胶片或者 CCD 上。图中准直系统的准直透镜口径为 200mm,其口径大小确定了整个系统的测试视场。因为激光光源的脉宽小于10ns,尽管测试区域的测试目标速度达到 5km/s 以上,在阴影图像上不会因为目标的运动出现明显的模糊现象。图中光源和成像物镜采用对称结构,可以最大限度地消除系统存在的像差。

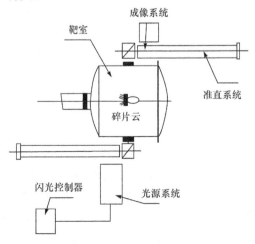

图 2-18　激光阴影成像系统布置图

系统采用等待式成像方式,在试验前打开相机,并处于曝光状态。当弹丸撞击靶材某个瞬间时激光光源闪光,则测试区域的外形轮廓就被记录在胶片或者 CCD 上。激光光源的闪光信号由固体激光弹丸探测控制器提供,弹丸撞击靶材瞬间的时间信号由光辐射探测器提供。

由于激光光源的单色性,光路中使用的光学器件出现瑕疵时可能会带来衍射环,如果光学器件表面膜层不良引起光束来回反射,则在成像区域可能会形成干涉条纹。同时碰撞瞬间会产生强烈的自发光,如果不进行消除会对阴影图像产生干扰。通过优化光路设计技术、补偿式滤光技术等都可以得到解决,最终该系统清晰地获得了弹丸在正撞击和斜撞击靶材时的碎片云激光阴影图像,如图 2-19 所示。

图 2-19(a)是弹丸以 5.52km/s 正撞击靶材后 15.1μs 时的碎片云激光阴影图像;图 2-19(b)是弹丸以 6.02km/s 斜撞击靶材后 8.6μs 时的碎片云激光阴影图像。从图中可以清晰看见碎片云在撞击瞬间的外形轮廓,但由于该系统在试验中只能获得一幅阴影图像,不能对碎片云的形成变化过程进行清晰描述。为了满足超高速碰撞试验研究需求,有必要发展能够对碰撞现象过程的碎片云进行多幅图像记录的序列成像技术,而多序列激光阴影成像技术就是在基于单幅激光阴影成像技术基础上不断得到发展的。

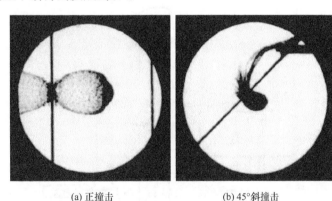

(a) 正撞击　　　　　　　　　　　　(b) 45°斜撞击

图 2-19　单幅激光阴影成像系统获得的不同状态碎片云激光阴影图像

2) 多序列激光阴影成像技术

多序列激光阴影成像技术是在单幅激光阴影成像技术基础上增加多套成像光路,实现的主要指标为:一次试验获得 2～8 幅阴影图像、每幅图像的曝光时间小于 10ns、序列间隔最小 1μs 以及图像像素大于 600 万。

对于某一测试区域,超高速目标现象发生的时间较短,通常只有几百微秒甚至更低,而目标的运行速度达到每秒几千米。因此,为了对目标变化过程清晰成像,通过多序列成像技术获得的每幅图像曝光时间必须很短,在图像上不能明显出现测试目标的拖影现象。为了实现不同序列时刻能够对同一测试区域成像,则其成像光路必须相同或相似,而且不同时刻获取的图像需要在空间上进行分开。另外,为了满足不同测试需要,不同序列的间隔时间可调。

在满足上述要求的前提下,通过解决下面的关键技术实现了多序列激光阴影成像:

(1) 多光源空间分离技术。该技术主要原理为:在单幅激光阴影成像基础上,增加多套光路,每套光路独立通过测试区域及不同的成像系统进行成像;同时要求在测试区域的光束几乎重合。成像系统获得的测试区域图像分别记录在不同的感光介质上,其光路布置图如图 2-20 所示(图中只画出了 2 序列的光路)。图中多套激光光源光束扩束后的光斑直径应大于图中的准直镜直径。为了光束在通过球面反射镜后通过成像系统中的小孔时能够把多束光分开,激光通过扩束的汇聚点光斑距离可设置为 0.8~1mm,则光束通过准直镜后的光斑也相距 0.8~1mm。当汇聚点光斑相距 1mm 时,通过计算可以得到两束光在测出区域的重合度优于99%,因此两套成像系统基本上可以对同一测试区域进行成像。通过这样的分光方式,序列数目达到 8 时,测试区域重合度可以达到 95%。

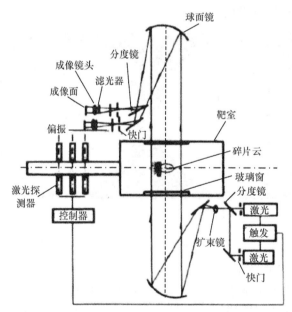

图 2-20　多序列激光阴影成像系统光路图

(2) 偏振分光技术。根据激光是偏振光原理,可以通过偏振片消除其他不需要的光束,一方面可以降低上述多光源空间分离角度,另一方面也可以消除部分杂光而提高信噪比。紧邻的两光束偏振方向角度越大,则偏振分光的效果越好,因此需要在激光光源的出口处放置改变光束偏振方向的波片。

　　如果只利用多光源空间分离技术,则测试区域的重合度会降低,而只利用偏振分光技术则不能很好地进行分光。通过把偏振分光和多光源空间分离技术相结合,不仅有利于杂光的消除,提高成像的清晰度,而且在序列数目达到 8 时,不同序列成像区域的重合度可以提高到 97%,几乎是对同一区域成像。

　　(3) 光束角放大技术。不同的平行光通过图 2-18 中准直系统后会在不同的位置形成不同的焦斑,测试区域的像面就在焦斑不远处。但因为受空间的限制,不能在该位置放置太多的成像物镜。为了实现更多序列的激光阴影照相,需要对空间分离的角度通过光路进行放大。光束角放大采用的主要方法是在成像系统中使光束形成 2 次实焦点,并放大各个焦点相互之间的距离。如图 2-21 所示,通过球面反射镜后形成第 1 次实焦点,通过角度放大物镜后在成像面前形成第 2 次实焦点,在第 2 次实焦点处放置小孔光阑。采用光束角放大系统,不仅可以在成像系统区域放置多套成像系统,而且更容易实现多光束的空间分离。

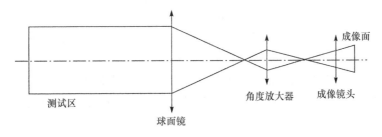

图 2-21　光束角放大示意图

　　(4) 补偿滤光技术。在超高速碰撞瞬间,温度超过了 2000K,对测试区域成像时强烈自发光会掩盖真实的信息。在碰撞瞬间,强烈的自发光会掩盖撞击靶材附近的碎片云的真实信息。在多序列激光阴影成像系统中,如果对这些自发光不进行消除,则一样不能获得清晰的序列图像。

　　由于系统使用了激光光源,可以在成像物镜前使用窄带滤光片,以消除自发光,如图 2-22(a)所示。通过试验证明,仅在成像物镜前放置滤光片,光束在物镜和滤光片之间来回反射,在图像中会产生类似于多光束干涉条纹,如图 2-22(b)所示。当滤光片倾斜放置时可以消除干涉条纹,但会造成光束的不均匀,因此需要在滤光片前放置具有不同区域和不同衰减功能的补偿器(图 2-22(c)),使成像光斑比较均匀。

2. 光学高速摄像机技术

　　超高速摄像机成像速度可达每秒数百万帧。由于胶卷数量或存储空间的限制,超高速摄像机往往只能连续拍照几十张。但超高速撞击过程往往发生在几毫秒内,因此这样的拍摄时间是足够的。白沙试验研究所超高速摄像机共有三种:

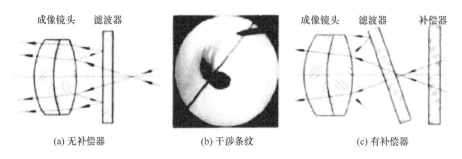

(a) 无补偿器　　　　　　　　　(b) 干涉条纹　　　　　　　　　(c) 有补偿器

图 2-22　消除自发光的滤光示意图

Cinema 相机,拍摄速度可达 1 万帧/s;红外相机,拍摄速度可达 200 万帧/s;数字相机,拍摄速度可达 2 亿帧/s。

基于以上试验设备,NASA 的 JSC 进行了大量的超高速撞击地面模拟试验,在美国 ISS、航天飞机、EMU(extravehicular mobility unit)和长期在轨暴露设备(long duration exposure facility)等的防护方案设计中起到了重要作用。

NASA 目前正在对载人飞船登陆火星的可行性进行评估,此项任务中需要对速度未知的微流星体对航天器构成的威胁进行分析。据估计,太阳系中微流星体速度可达 70km/s,而来自宇宙深空的微流星体速度可达 240km/s,研究人员希望能对这样的超高速撞击情况进行分析。因此,在未来的研究中,NASA 将继续发展超高速撞击地面模拟试验能力,从而为其航天任务的发展奠定基础。

3. X 射线照相设备

超高速撞击试验中,有时会发生弹丸在发射过程中破裂的现象。X 射线闪光照相用于检验弹丸的完整性,同时用于记录碎片云的演化过程。图 2-23 是 HVIT 实验室二级轻气炮上安装的 X 射线闪光相机。该二级轻气炮安装了三个 X 射线发射装置,一个工作电压为 100kV,与弹丸飞行方向垂直,用于测量弹丸撞击前是否完整;另外两个工作电压为 300kV,发射装置探入撞击腔内,用于记录撞击过程。

图 2-23　X 射线闪光相机

图 2-24 为白沙试验研究所 X 射线闪光照相装置拍摄到的直径 6mm 弹丸撞击瞬间图像。该装置成像速度为 1 亿帧/s。

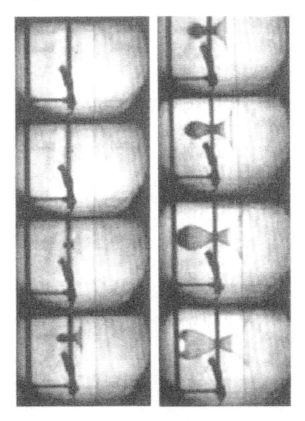

图 2-24　X 射线闪光相机拍摄的图像

2.3　作用机理与建模

碰撞速度超过两个撞击体中声音传播的速度时,来自撞击表面的冲击波向撞击体体内传播,压缩并加热这两个相互作用的材料。当冲击波到达自由表面时,产生反射波(稀疏波),并开始反方向传播,对被压缩的撞击体材料产生卸载作用。冲击波与稀疏波的相互作用,使得材料破裂、熔化甚至蒸发。产生的高压蒸气会发光,并产生等离子体。在仍然保持固体状态的材料中,冲击波衰变为弹性波,以声速传播。这描述了两个物体超高速碰撞一系列复杂现象的基本原理。

2.3.1 基本理论

1. 一维冲击波理论

弹丸超高速碰撞靶板时,在弹丸和靶板中产生冲击波,其峰值应力的大小为任何材料强度的很多倍,弹或是靶材冲击受压处的材料行为犹如流体,而其他部分的材料特性仍然受有关强度现象的控制。在应力波波阵面上,根据介质连续性要求,质点位移必定连续,但其导数可能间断。这种“具有导数间断”的面,在数学上称为奇异面。如果质点位移的一阶导数间断,即质点速度 u 和应变 ε 在波阵面上有突跃,则称为一阶奇异面或强间断。这类应力波常称为冲击波。

平面波波阵面作为一奇异面在连续介质中传播时,在波阵面上各运动参量应满足一定的限制条件,即在波阵面前后各量间所满足的相容条件。取一单位截面积的介质,设有一个速度为 D 的冲击波波阵面沿图 2-25 所示的方向传播(图中各量的下标 0 代表波阵面前方介质中的量,下标 1 代表波阵面后方介质中的量),为了求出它的基本关系式,与连续流一样,也要用到三大守恒定律。

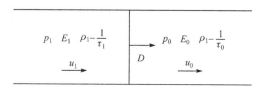

图 2-25 一维平面正冲击波

p-压力;E-比能;ρ-密度;τ-比容;D-冲击波波速;u-质点速度

根据质量守恒定律,单位时间内进入冲击波波阵面的未扰动介质的质量为 $\rho_0(D-u_0)$,从激波波阵面进入波阵面后方介质的质量为 $\rho_1(D-u_1)$,由质量守恒定律得

$$\rho_0(D-u_0)=\rho_1(D-u_1) \tag{2-1}$$

由于激波波阵面两侧存在压力差 p_1-p_0,使质量为 $\rho_0(D-u_0)$ 的物质在单位时间内获得一个速度增量 u_1-u_0,根据动量守恒定律得

$$p_1-p_0=\rho_0(D-u_0)(u_1-u_0) \tag{2-2}$$

激波在单位时间内对介质所做的功为 $p_1u_1-p_0u_0$,使质量为 $\rho_0(D-u_0)$ 的物质的比能有一个增量,即

$$\left(E_1+\frac{u_1^2}{2}\right)-\left(E_0+\frac{u_0^2}{2}\right) \tag{2-3}$$

故根据能量守恒得

$$p_1 u_1 - p_0 u_0 = \rho_0 (D - u_0) \left[\left(E_1 + \frac{u_1^2}{2} \right) - \left(E_0 + \frac{u_0^2}{2} \right) \right] \tag{2-4}$$

对于一般情况，$p_0 = 0$，$u_0 = 0$，则上述三式可化简整理为

$$\rho_0 D = \rho_1 (D - u_1) \tag{2-5}$$

$$p_1 = \rho_0 D u_1 \tag{2-6}$$

$$p_1 u_1 = \rho_0 D \left[\left(E_1 + \frac{u_1^2}{2} \right) - E_0 \right] \tag{2-7}$$

式(2-5)~式(2-7)即为正冲击波的基本关系式，从以上关系式还可以导出如下三个常用的关系式：

$$D - u_0 = \tau_0 \sqrt{\frac{p_1 - p_0}{\tau_0 - \tau_1}} \tag{2-8}$$

$$u_1 - u_0 = (\tau_0 - \tau_1) \sqrt{\frac{p_1 - p_0}{\tau_0 - \tau_1}} \tag{2-9}$$

$$E_1 - E_0 = \frac{1}{2} (p_1 + p_0)(\tau_0 - \tau_1) \tag{2-10}$$

式(2-10)称为雨贡纽物态方程，由它确定的 $p(\tau)$ 线称为冲击压缩线，或称为雨贡纽曲线，或称为冲击绝热线。

2. 超高速侵彻阻力

侵彻理论通常取 Poncelet 阻力定律的某些形式，该理论依据的假设是：射弹在目标内的运动与它在空气中或水中，即流体中的运动类似。为了确定射弹的侵彻和贯穿能力同目标物理性质之间的关系，目标对射弹的阻力假定为如下形式：

$$F = [\sigma + c\rho_t (v - u)^2] A \tag{2-11}$$

式中，σ 为目标材料的屈服强度；v 为侵彻过程中随时间变化的射弹速度，初始值等于碰撞速度 v_0；c 为目标阻力系数；A 为射弹横截面积；u 为目标破裂前沿内的质点速度，它取决于目标材料的应力-应变曲线形状，该速度一般很小。若忽略该速度，可得

$$F = (\sigma + c\rho_t v^2) A \tag{2-12}$$

这就是 Poncelet 阻力定律公式。该公式试图考虑两个阻力分量：一是目标材料的强度项；二是目标材料的惯量。对于高强度材料，并且撞击速度较小时，惯性项往往可以忽略；当材料强度较低，尤其是在超高速撞击时，惯性项则居主导地位。实际上，撞击侵彻阻力远比 Poncelet 阻力定律包含的内容复杂，因为 σ 值还随射弹形状、速度和目标厚度等变化而不尽相同。尽管如此，Poncelet 阻力定律在进行理论计算时还是十分有用的，因为在局部范围内，它的计算结果能够与试验数据适配。

2.3.2　弹道极限方程

弹道极限方程描述某一防护结构能够防护的临界撞击体直径与撞击速度、撞击角度和撞击体密度等参数的关系,撞击体超过临界直径,则会发生穿透,低于临界直径,则被防护结构挡住。同时,弹道极限模型还可给出能够防护给定直径、密度及撞击角度的撞击体所对应防护结构的厚度与撞击体速度的关系,称为尺寸方程。一个完整的弹道极限方程必须同时指明其使用的失效准则。常用的失效准则有全穿透失效准则及脱体式层裂失效准则,其中,使用全穿透失效准则的弹道极限方程获得的失效概率称为穿透概率。

1. 单层板弹道极限方程

绝大部分航天器的主结构可视为单层板形式,近地轨道微流星体和空间碎片对航天器的撞击威胁促进了单层板穿透预示方程的发展。20 世纪 60 年代中期以来,发展了大量单层板穿透预示方程,如 Fish-Summers 方程、Schmidt-Holsapple 方程、Rockwell 方程、JSC 方程(Cour-Palais 方程)以及改进的 JSC 修正方程(Cour-Palais 修正方程)。

Cour-Palais 于 1984 年独立开发了 Cour-Palais 方程,它包括靶板材料的弹性模量、布氏硬度、密度参数和撞击体的密度参数,用以描述撞击过程中的材料行为。Cour-Palais 于 1991 年在 JSC 又对 Cour-Palais 方程进行了修正,该方程是使用最广泛的单层板弹道极限方程。其形式如下[41]:

成坑深度

$$q = 5.24 d^{\frac{19}{18}} B^{-0.25} \left(\frac{\rho_p}{\rho_t}\right)^{0.5} \left(\frac{v_n}{c}\right)^{2/3} \tag{2-13}$$

剥落极限

$$h_s = 2.2 q \tag{2-14}$$

式中,q 为单层板成坑深度(cm);h_s 为单层板剥落极限厚度(cm);d 为弹丸直径(cm);ρ_p 和 ρ_t 分别为弹丸和单层板密度(g/cm³);B 为单层板的布氏硬度(kgf/mm²)(1kgf=9.8N));v_n 为弹丸撞击速度的法向分量(km/s);c 为单层板材料的声速(km/s)。

单层板的弹道极限方程为

$$d_c = \left[0.0867 h B^{-0.25} \left(\frac{\rho_t}{\rho_p}\right)^{0.5} \left(\frac{c}{v_n}\right)^{2/3} \right]^{19/18} \tag{2-15}$$

式中,d_c 为临界弹丸直径(cm);h 为单层板厚度(cm)。

若板靶为 5mm 厚的 5A06 铝合金,球形弹丸为 2A12 铝合金,则相关参数为 $B=84$kgf/mm²、$\rho_p=2.785$g/cm³、$\rho_t=2.64$g/cm³、$c=5.0264$km/s,可得到该铝合

金板的临界弹丸直径与法向撞击速度之间的方程为

$$d_c = 0.3948 v_n^{-0.6316} \tag{2-16}$$

文献[42]通过对 JSC 方程计算、数值仿真和实验结果的对比分析发现,如图 2-26 所示,数值仿真得到的弹道极限曲线与 JSC 方程曲线在全速度区间内随速度的变化趋势是一致的,随着 JSC 速度增大而临界弹丸直径减小,JSC 曲线始终位于数值仿真弹道极限曲线的下方,即低估了该铝合金舱壁抵抗空间碎片超高速撞击破坏的能力,并且两者的差别随着速度增加而逐渐减小。对于 5mm 厚 5A06 铝合金单层板受 2A12 铝合金球形弹丸撞击,可将式(2-16)修订为

$$d_c = 0.6465 v_n^{-0.7367} \tag{2-17}$$

需要指出的是,式(2-17)是基于特定案例对 JSC 方程的修正,而 JSC 方程的优势在于其通用性。

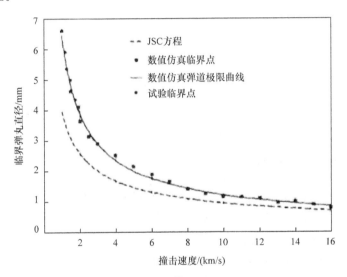

图 2-26　全速度区间内的数值仿真弹道极限曲线

2. 双层板弹道极限方程

Whipple 于 1947 年首次提出双层板防护结构,即用金属薄板对航天器结构进行防护,以降低微流星体撞击的威胁,这种双层板防护结构得到广泛应用,通常称为 Whipple 防护结构。Whipple 防护结构由一个缓冲墙(即金属薄板)、支撑结构及要防护的后墙(即航天器结构、部件或分系统)组成。

双层板弹道极限方程已开发的大致有七种,分别是初始 Cour-Palais 方程、修正 Cour-Palais 方程、新型 Cour-Palais 方程、Nysmith 方程、Lundeberg-Stern-Bristow 方程、Burch 方程及 Wilkinson 方程。

初始 Cour-Palais 方程是由 Cour-Palais 利用阿波罗计划的试验数据开发的，之后 Cour-Palais 又利用来自 JSC、MSFC(马歇尔航天飞行中心)及其他试验场的超高速撞击试验数据对初始 Cour-Palais 方程进行了修正，得到了 Cour-Palais 修正方程。后来 Christiansen 在 Cour-Palais 修正方程的基础上又开发出最新的 Whipple 防护结构预示方程，称为新型 Cour-Palais 方程或 Christiansen 方程，这是使用最广泛的双层板弹道极限方程[43]。该方程的形式为[44]

$$d_{c}=\begin{cases} \left[\dfrac{t_{w}(\sigma/40)^{0.5}+t_{b}}{0.6(\cos\theta)^{5/3}\rho_{p}^{0.5}v^{2/3}}\right]^{18/19}, & v\leqslant 3\mathrm{km/s} \\ 3.918t_{w}^{2/3}\rho_{p}^{-1/3}\rho_{b}^{-1/9}(v\cos\theta)^{-2/3}S^{1/3}(\sigma/70)^{1/3}, & v\geqslant 7\mathrm{km/s} \\ d_{v=3}(7-v)/4+d_{v=7}(v-3d)/4, & 3\mathrm{km/s}<v<7\mathrm{km/s} \end{cases} \quad (2\text{-}18)$$

式中，ρ_{b} 为缓冲屏密度(g/cm³)；t_{w} 为后板厚度(cm)；σ 为后板屈服强度；S 为缓冲屏到后板的间距(cm)；θ 为撞击角度(°)；$d_{v=3,7}$ 为速度区间分界点为 3 或 7 时对应的低速区或高速区弹道极限方程计算的临界失效直径。

文献[45]和[46]采用基于遗传算法的基本原理，利用超高速撞击试验数据，对双层板弹道极限方程的速度区间和系数进行了修正。文献[47]采用指标寻优方法，以国内试验数据为依据对 Christiansen 改进型方程进行了多指标修正。但这些研究的基础依然是 Christiansen 方程。

2.3.3　薄板撞击孔径模型

20 世纪 60 年代以来，国外有关学者基于力学原理，在对各自试验数据回归分析的基础上，开发了一系列用于计算分析球形射弹超高速撞击薄板穿孔孔径的经验、半经验模型，其中具有代表性的如下。

Maiden 等利用铝质射弹和铝质薄板进行超高速撞击试验，在对试验数据分析的基础上，指出孔径与弹速呈线性关系[48]：

$$\frac{D_{h}}{D_{p}}=0.45\left(\frac{T_{t}}{D_{p}}\right)^{2/3}v_{s}+0.9 \quad (2\text{-}19)$$

式中，D_{h} 为射弹穿孔直径；D_{p} 为射弹直径；T_{t} 为板靶厚度；v_{s} 为射弹撞击速度(km/s)。该模型由于针对铝质射弹和薄板开发，模型与弹目材料性质无关；同时方程右端的速度没有进行归一化处理，所以，Maiden 模型量纲不一致。

Rolsten 等首次引入弹目材料密度因素建立了一种孔径模型[49]：

$$\frac{D_{h}}{D_{p}}=\sqrt{2+\frac{\rho_{t}}{\rho_{p}}} \quad (2\text{-}20)$$

式中，ρ_{t} 为目标(薄板)密度；ρ_{p} 为射弹密度。Rolsten 模型虽然首次引进了射弹和目标的密度因素，但由于仅考虑了密度，如果弹目材料相同，孔径和弹径之比

D_h/D_p 将是一个等于 $\sqrt{3}$ 的常数,这与事实不符,所以 Rolsten 模型的应用价值较小,或只适用于特殊场合。

Sawle 在研究射弹侵彻深度方程时导出了一种孔径模型[50]:

$$\frac{D_h}{D_p}=C_1\left(\frac{\rho_p}{\rho_t}\frac{v_s}{c_t}\right)^{0.22}\left(\frac{T_t}{D_p}\right)^{2/3}+1.0 \tag{2-21}$$

式中,C_1 为常数,Sawle 给出的理论值为 2.6,文献[51]基于试验数据的回归统计分析,建议该值取 3.2。Sawle 模型首次全面考虑了射弹-目标特征参数和撞击速度参数,其后的孔径模型均可视为在该模型的基础上对相关系数的修正。

Hill 引入射弹的材料音速 c_p,提出了一种孔径模型[52]:

$$\frac{D_h}{D_p}=3.309\left(\frac{\rho_p}{\rho_t}\right)^{0.022}\left(\frac{v_s}{c_t}\right)^{0.298}\left(\frac{v_s}{c_p}\right)^{0.033}\left(\frac{T_t}{D_p}\right)^{0.359} \tag{2-22}$$

可以看出,Hill 模型已经完整考虑了正撞击时所涉及的各种参数。

上述模型针对正撞击的情况开发,即撞击角 $\varphi=0$。当 $\varphi\neq 0$ 时,穿孔呈椭圆形,Schonberg 开发了用于计算穿孔椭圆长短径的经验模型[53]:

$$\begin{cases}\dfrac{D_h^{max}}{D_p}=2.852\left(\dfrac{v_s}{c_t}\right)^{1.043}\left(\dfrac{T_t}{D_p}\right)^{1.043}\cos^{0.283}\varphi+1.01\\[3mm]\dfrac{D_h^{min}}{D_p}=1.250\left(\dfrac{v_s}{c_t}\right)^{0.851}\left(\dfrac{T_t}{D_p}\right)^{0.672}e^{1.064\varphi}+1.40\end{cases} \tag{2-23}$$

式中,D_h^{max}、D_h^{min} 分别对应孔径的最大值和最小值。从形式上看,Schonberg 模型具有一定的合理性,但实际上其存在明显的不足:第一,模型未考虑材料特征参数的影响;第二,当 φ 趋于 0 直至等于 0(即正撞击)时,椭圆逐渐退化为圆,长短径应趋于相等,但 Schonberg 模型明显不符合这种事实,所以,Schonberg 模型适用性有限,其意义在于拓展了研究问题的宽度。

Hosseini 和 Abbas 在对大量试验数据进行分析的基础上,考虑撞击角的因素,对 Hill 模型进行了改进[54]:

$$\frac{D_h}{D_p}=2.8\left(\frac{\rho_p}{\rho_t}\right)^{0.6}\left(\frac{v_s}{c_t}\right)^{-0.03}\left(\frac{v_s}{c_p}\right)^{0.335}\left(\frac{T_t}{D_p}\right)^{0.113}\cos^{-0.026}\varphi-0.026 \tag{2-24}$$

经计算分析,该模型计算结果应为椭圆长径,由于 Hosseini 并未给出短径的求解公式,本节忽略长短径的差异,统一由式(2-24)求解正撞击、斜撞击的孔径值。

上述孔径模型均在超高速撞击试验数据分析的基础上建立,de Chant[55]基于流体动力学原理,建立了下述模型:

$$\frac{D_h}{D_p}=\sqrt{2}\pi\left(\frac{\rho_p}{\rho_t}\frac{v_s}{c_t}\right)^{0.5}\frac{T_t}{D_p}+1.0 \tag{2-25}$$

Chant 模型的意义在于其脱离试验数据,基于基本力学原理建立孔径模型,然而其求解过程仍进行了大量简化,依然引进了经验常数,因此只能算作半解析半经验模型。同时,Chant 还证明了在超高速撞击下,目标表面的曲率对穿孔形态的影响很小,故可以忽略球形目标球面和圆柱形目标柱面对撞击孔径的影响。

经过对比分析,可以发现 Sawle、Hill、Hosseini 和 Chant 模型的基本形式相同,只是系数不同,因此这四种模型可以统一表述为

$$\frac{D_h}{D_p}=C_1\left(\frac{\rho_p}{\rho_t}\right)^{p_1}\left(\frac{v_s}{c_t}\right)^{p_2}\left(\frac{v_s}{c_p}\right)^{p_3}\left(\frac{T_t}{D_p}\right)^{p_4}\cos^{p_5}\theta+C_2 \tag{2-26}$$

式中,各参数的具体值见表 2-6。

表 2-6　孔径模型参数

模型	C_1	C_2	p_1	p_2	p_3	p_4	p_5
Sawle	2.6	1	0.22	0.22	0	2/3	0
Hill	3.309	0	0.022	0.298	0.033	0.359	0
Hosseini	2.8	−0.026	0.6	−0.03	0.335	0.113	−0.026
Chant	$\sqrt{2}\pi$	1	0.5	0.5	0	1	0

2.3.4　碎片云模型

1. 碎片云形成机理

当超高速弹丸撞击薄板时,弹体中反向冲击波和板中冲击波在传播到各自的背面时,各自反射一稀疏波。在入射波和稀疏波的共同作用下导致材料中某点净拉伸应力超过材料动态断裂强度,弹体和靶体碎裂,形成固体颗粒。除一小部分反向喷出外,大部分弹体颗粒与靶体颗粒一起以"碎片云"的形式向前抛出。在以上的过程中,靶板孔壁不断地沿径向向外扩展,但扩展速率随时间迅速减小,在孔径达到几倍弹径时,孔壁扩展过程停止。

图 2-27 是一个球形弹丸,以初速度 v_0 撞击一个薄板,在撞击发生后的极短时间内,有两列冲击波 S_1 和 S_2 自撞击界面开始向弹丸和靶板内部传播,同时稀疏波 R_1 自弹丸侧面向弹丸的对称轴方向传播并对冲击波后的材料压缩状态进行卸载,使一小部分弹丸和靶板材料向弹丸入射的方向反向飞溅。而冲击波 S_2 在到达靶板对面时,为了满足自由面压力为零的边界条件,冲击波 S_2 被反射成稀疏波 R_2,稀疏波 R_2 透射过弹丸靶板交界面的部分是稀疏波 R_3。而 S_1 在弹丸材料的自由面反射成稀疏波 R_4。从物理角度来看,为了满足边界条件而产生的稀疏波 R_1、R_2、R_3、R_4 都可以看成拉伸波。因此,如果弹丸或者靶板材料中任一点的净拉伸压力超过材料的动态断裂强度,材料就会发生断裂,而材料的断裂又会产生新的自由面,并继续反射稀疏波,这些稀疏波又会引起更进一步的断裂。就这样,经过层层断裂,

弹丸和部分靶板材料破碎成颗粒,形成碎片云团。

在满足以上条件,弹丸撞击靶板时,有拉伸断裂和剪切断裂两种破坏形式使弹丸和靶板碎裂,形成碎片云。

1) 拉伸断裂

以一维平面碰撞为例来说明拉伸断裂。设弹丸为柱状,厚度为 d。当弹丸与靶板相撞后,有两冲击波在弹丸和靶板中沿相反方向传播,到达自由面后,各自反射成拉伸波。反向的拉伸波相互作用产生拉伸断裂,即为层裂。设靶板厚为 h,靶板材料与弹丸材料相同,且它们之间的碰撞速度小于熔化速度。当 $d > h$ 时,层裂首先发生在靶板中;当 $d = h$ 时,弹丸和靶板同时发生层裂;当 $d < h$ 时,层裂首先发生在弹丸中。

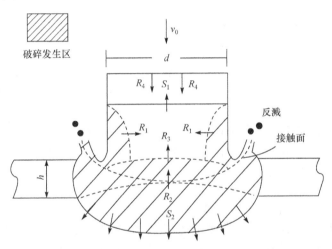

图 2-27　超高速撞击冲击波作用过程

断裂是在一定条件下材料的损伤形式,判断断裂产生的标准有临界应力准则、损伤积累准则以及其他各种准则。碰撞产生的最大压力是影响断裂的重要因素,而且简单易算。虽然不能提供精确的量级判据,但具有定性意义,而其在各种准则中都是重要参数。

2) 剪切断裂

弹丸不可能完全均匀,受力也不会均匀。因此,撞击靶板后,进入靶板内的冲击波也就不是绝对平面的。这样,由于波形起伏的作用,某些部分的冲击波速度就会超过周围部分,在其四周和低速部分相交处发生剪切而断裂,如图 2-28 所示。

在图 2-28 中,弹丸四周和靶板交界处由于挤压和稀疏,一部分粒子速度向后,而在弹丸四周又有一部分粒子速度向前,这样就会产生剪切力。由于相对速度大,会发生局部强塑性流动,其所带来的功来不及从流动区域扩散,形成绝热剪切带,产生高温。高温使材料发生软化,出现滑移、熔化和气化。

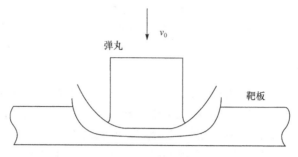

图 2-28　剪切断裂示意图

可见,超高速弹丸碰撞薄板形成碎片云需要满足以下条件[56]:

(1) 弹丸要有足够的动能。

弹丸要击穿靶板,形成碎片云,必须要有一定的动能。设弹丸直径为 6.35mm,弹丸质量为 0.375g,垂直撞击厚 1mm 的铝板。假设弹丸能量完全消耗在穿孔上,则穿孔直径为 10mm 时,所需能量由 Eichlberg&Gekring 公式确定:

$$\frac{E}{V_1} = 0.25 \times 10^{14} V_2 B \tag{2-27}$$

式中,V_1 为弹丸体积(m^3);E 为弹丸动能(J);V_2 为靶板穿孔体积(m^3);B 为靶板布氏硬度(BHN)。式(2-27)适用范围为撞击速度 $v \leqslant 15$km/s,弹丸质量 m 为 $0.1 \sim 10$g。

对于 Al-2A12 铝合金,$B \approx 1.8 \times 10^{-4}$BHN,则有

$$\frac{E}{V_1} = 4.5 \times 10^3$$

又弹丸体积 $V_1 = 3.16 \times 10^{-6}$ m^3,则所需动能为 $E = 14.22 \times 10^{-3}$J。若弹丸质量为 0.375g,则所需撞击速度 $v = 2.75$km/s。该算法的前提条件是弹丸动能完全消耗于撞击中,这显然是不可能的。在实际过程中,形成碎片云的最小速度应在 3km/s。

(2) 要有合适的弹丸直径与靶厚比。

靶板厚度显然会影响撞击效果。若靶板厚度值太大,则弹丸可能无法击穿靶板,不能形成碎片云。反之,若靶板太薄,不足以充分破坏弹丸的完整性,也不能形成碎片云。

然而,超高速撞击现象非常复杂,撞击体材料、形状、尺寸以及撞击角度与速度等撞击条件的不同均会导致产生的碎片云差别很大。通常,一种模型只适合描述一定撞击条件范围内产生的碎片云,确定碎片云模型的适用范围十分必要。下面介绍铝质球形弹丸正撞击铝质薄板时的碎片云模型。

2. 碎片云形态结构

由于超高速撞击的作用时间非常短暂,在很短的时间内,撞击破碎完成,破碎

后的各碎片之间没有内力相互作用,因而可以近似认为碎片云的起始时间是从撞击时刻开始的,起始于撞击轴线和靶板的交点,且撞击后各碎片保持恒速运动。因此,碎片云虽然时刻发生着变化,但一直保持膨胀运动,不同时刻的碎片云轮廓具有相似性。

综合分析碎片云的试验照片与数值模拟结果,并参考 Piekutowski[57] 关于碎片云结构的定义,文献[58]对球形弹丸超高速正撞击薄板所产生的碎片云的组成与结构定义如下:

(1) 按组成材料,分为弹丸材料碎片云、薄板材料碎片云。

(2) 按飞行方向,分为板前碎片云、板后碎片云。

(3) 按碎片云结构(图 2-29),分为反溅碎片云、外泡碎片云、内核碎片云,其中内核碎片云包括两个部分:主体碎片云、后剥落碎片云。

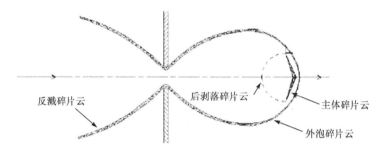

图 2-29　碎片云结构示意图

反溅碎片云是高速撞击过程中产生的向薄板前方喷射的大量小碎片的组合,主要由薄板材料组成,是板前碎片云。

外泡碎片云是一个由大量碎片膨胀形成的封闭泡状结构,位于薄板后方。主要由薄板材料组成,也包含一小部分弹丸材料。

内核碎片云由弹丸破碎形成,位于外泡碎片云内部的前方,占整个碎片云质量的大部分。内核碎片云中一定包含主体碎片云,但根据撞击条件的不同,可能不包含后剥落碎片云。后剥落碎片云是由弹丸后表面一定厚度的材料破碎、剥落形成的,近似呈半球壳状,位于主体碎片云的后面。

对于靶板碎片,Corvonato 等[59]研究发现,伯努利双纽线在描述碎片云外轮廓时吻合得很好。将数值仿真的结果与伯努利双纽线进行叠加,如图 2-30 所示。从图中可以看出,双纽线和碎片云的外轮廓吻合得很好,因而可以采用伯努利双纽线作为描述靶板碎片云外轮廓的曲线。

3. 碎片平均尺寸

20 世纪 80 年代以来,美国 SNL 实验室的 Grady 等对材料碰撞解体问题进行

图 2-30　伯努利双纽线与碎片云仿真结果的叠加

了深入的理论和试验研究,基于冲击波传播过程中的质量、动量和能量守恒方程建立了材料动态解体理论(dynamic fragmentation theory)[60-62],用于预估碰撞解体碎片的平均尺寸,预估值能够很好地符合撞击试验碎片数据的统计分布。

Grady 动态解体理论认为碰撞解体碎片尺寸是材料应变率的函数,依据应变率的大小,可将薄板在射弹超高速撞击下的解体机理分为三种模式,每种解体模式生成碎片的平均特征尺寸均可表述为应变率的函数。具体的解体模式和对应的碎片平均尺寸如下[63]。

解体模式 1(低应变率):受断裂韧度约束的碎片

$$\overline{L}_c = \left(\frac{\sqrt{24}K_c}{\rho_t c_t \dot{\varepsilon}} \right)^{2/3} \tag{2-28}$$

式中,$\overline{L}_c$ 为碎片平均尺寸;K_c 为材料断裂韧度。

解体模式 2(中应变率):受屈服强度约束的碎片

$$\overline{L}_c = \left(\frac{8\varepsilon_c S_t}{\rho_t \dot{\varepsilon}^2} \right)^{1/2} \tag{2-29}$$

式中,ε_c 为材料临界应变;S_t 为材料屈服强度,对于铝合金这类的材料通常以产生 0.2% 塑性应变时的应力作为屈服指标。

解体模式 3(高应变率):受表面张力约束的碎片

$$\overline{L}_c = \left(\frac{48\gamma}{\rho_t \dot{\varepsilon}^2} \right)^{1/3} \tag{2-30}$$

式中,γ 为材料表面张力。

严格意义上,在超高速撞击下,材料断裂韧度 K_c、屈服强度 S_t、表面张力 γ 均为变量,其中材料断裂韧度依赖于材料温度:

$$K_c = K_{c0} \left(1 - \frac{T-T_0}{T_m - T_0} \right)^{n_K} \tag{2-31}$$

式中,n_K 为试验常数;T_m 为材料熔点温度;T_0 为参考温度,通常取室温值。

屈服强度同时依赖于材料温度和应变率:

$$S_t = S_{t0} \left(1 - \frac{T - T_0}{T_m - T_0} \right)^{n_s} \left(\frac{\dot{\varepsilon}}{\dot{\varepsilon}_0} \right)^{m_s} \tag{2-32}$$

式中，n_s、m_s 均为试验常数；$\dot{\varepsilon}_0$ 为应变率参考值，$\dot{\varepsilon}_0 = 1.0 \, s^{-1}$。

材料表面张力同样依赖于材料温度：

$$\gamma = \gamma_0 \left(1 - \frac{T}{T_c} \right)^{n_\gamma - 1} \left[1 + (n_\gamma - 1) \frac{T}{T_c} \right] \tag{2-33}$$

式中，n_γ 为试验常数；T_c 为临界温度。

对于 7075-T6 铝合金，材料性质参数如表 2-7 所示。

表 2-7　7075-T6 铝合金材料参数

参数	取值
密度 $\rho/(kg/m^3)$	2804
声速 $c/(m/s)$	5200
表面张力 $\gamma/(N/m)$	1.188
屈服强度 S_t/GPa	0.42
断裂韧度 $K_c/(MPa \cdot m^{1/2})$	23
熔点温度 T_m/K	1220
临界温度 T_c/K	5220
临界应变 ε_c	0.15
n_K	−1
n_s	1.5
m_s	0.02
n_γ	1.33

撞击过程中材料温度的变化是一个十分复杂的问题，考虑本节旨在建立可供工程计算的模型，所以忽略断裂韧度、屈服强度和表面张力随温度的变化。

三种解体模式中，模式 1 和模式 2 适用于材料为固态时的解体碎片，二者的过渡方程为

$$\dot{\varepsilon}_t = \sqrt{\frac{0.003 \rho_t c_t^4 S_t^3}{K_c^4}} \tag{2-34}$$

式中，目标材料的密度、因素、强度和断裂韧度都是温度的函数，在超高速撞击下求解目标的温度是一个十分复杂的问题。文献[64]指出对于铝合金，模式 1 和模式 2 过渡处的应变率约为 $10^4 \, s^{-1}$，所以参考该文献将过渡应变率设置为 $10^4 \, s^{-1}$。

模式 3 适用于撞击导致材料液化时生成的碎片，当材料温度高于其熔点温度时采用该模式。对于以铝为主要材料构成的目标和射弹，二者碰撞速度在

7.5km/s 以上时出现液化,以 7075-T6 铝合金为例,表面张力 $\gamma = 1.188\mathrm{N/m}$、密度 $\rho_t = 2800\mathrm{kg/m^3}$,液化时的应变率一般在 $10^6\,\mathrm{s^{-1}}$ 以上,按此计算得到的碎片平均尺寸在 $10^{-5}\mathrm{m}$ 量级以下,属于微小碎片。

利用模式 1 和模式 2,即式(2-28)和式(2-29)计算碎片平均尺寸的关键是求解撞击过程中材料的应变率。理论上,在极坐标下射弹撞击薄板时,薄板中的应变率可表述为[65]

$$\begin{cases} \dot{\varepsilon}_r = \dfrac{\partial u_r}{\partial r} \\[2mm] \dot{\varepsilon}_\theta = \dfrac{u_r}{r} \end{cases} \tag{2-35}$$

式中,$\dot{\varepsilon}_r$ 为应变率径向分量;$\dot{\varepsilon}_\theta$ 为应变率周向分量;u_r 为薄板中径向质点速度;r 为撞击冲击波径向传播距离。

式(2-35)即球面波和径向柱面波的连续方程,连续方程的求解是一个十分复杂的过程,对于计算碎片平均尺寸来说没必要。基于此,国外有关学者从工程应用的角度出发给出了应变率简化求解方法,这些方法可分为工程法和解析法两种。

1) 工程法

Grady 等给出的求解应变率的近似方程为[66]

$$\dot{\varepsilon} = \frac{v_{\mathrm{ex}}}{R_{\mathrm{p}}} \tag{2-36}$$

式中,v_{ex} 为撞击界面的膨胀速度;R_{p} 为射弹半径。

Schafer[64] 对式(2-36)进行了修正。用射弹初始撞击速度 v_s 代替膨胀速度 v_{ex},用射弹直径 D_{p} 代替射弹半径 R_{p},并且引入了拟合系数 f_ε,即

$$\dot{\varepsilon} = f_\varepsilon \frac{v_s}{D_{\mathrm{p}}} \tag{2-37}$$

Schafer 给出的 f_ε 值为 0.3。

Grady 和 Schafer 给出的求解应变率的方法可统称为工程法。

2) 解析法

de Chant[67] 通过对 Grady 动态解体理论的研究,提出了一种求解应变率的简单解析法,该方法也是以球形射弹为例开发的,但其原理同样适用于头部呈半圆形的柱形射弹。下面就 de Chant 求解应变率的过程进行推导。

如图 2-31 所示,射弹撞击侵彻过程中,薄板的二维微分控制方程为[68]

$$\frac{\mathrm{d}\rho}{\mathrm{d}t} + \frac{\partial(\rho u)}{\partial x} + \frac{\partial(\rho v)}{\partial y} = 0 \tag{2-38}$$

$$\frac{\mathrm{d}u}{\mathrm{d}t} + u\frac{\partial u}{\partial x} + v\frac{\partial u}{\partial y} + \frac{1}{\rho}\frac{\partial p}{\partial x} = \mu_{\mathrm{eff}}\left(\frac{\partial^2 u}{\partial x^2} + \frac{\partial^2 u}{\partial y^2}\right) \tag{2-39}$$

$$\frac{\mathrm{d}v}{\mathrm{d}t}+u\,\frac{\partial v}{\partial x}+v\,\frac{\partial v}{\partial y}+\frac{1}{\rho}\,\frac{\partial p}{\partial y}=\mu_{\mathrm{eff}}\left(\frac{\partial^2 v}{\partial x^2}+\frac{\partial^2 v}{\partial y^2}\right) \tag{2-40}$$

式中，t 为时间；μ_{eff} 为有效黏度，$\mu_{\mathrm{eff}}=u/\alpha$，$\alpha$ 为波阻尼，$\alpha=C_{\mathrm{f}}/T_{\mathrm{t}}$，$C_{\mathrm{f}}$ 为流体动力学表面摩擦系数，$C_{\mathrm{f}}\approx\sqrt{v_{\mathrm{s}}/c_{\mathrm{t}}}$；$u$ 为沿 x 轴的速度；v 为沿 y 轴的速度；p 为压力。

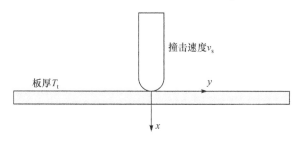

图 2-31　射弹撞击薄板示意图

上述式(2-38)～式(2-40)再加一个状态方程，如 $p=(\rho,u)$，就可以完成撞击过程中薄板各参数的描述。

上述微分控制方程描述的是一个不定常、非线性、多维系统，很难得到解析解。针对此问题，Chant 对上述微分控制方程进行简化，通过理论推导建立了求解应变率的方法。Chant 方法包括以下几个步骤：

(1) 将时间相关的 $u=u(x,t)$ 方程化为与时间无关的一维方程。

(2) 对微分控制方程进行简化。

(3) 利用与时间无关的 $u=u(x,t)$ 方程求解微分控制方程。

对高速撞击时的流体问题进行欧拉处理的基本模型是线性动量守恒方程[69]：

$$\frac{\mathrm{d}u}{\mathrm{d}t}+u\,\frac{\partial u}{\partial x}+\frac{1}{\rho}\,\frac{\partial p}{\partial x}+\alpha u^2=0 \tag{2-41}$$

一维不定常控制方程可写为

$$\frac{\mathrm{d}\rho}{\mathrm{d}t}+u\,\frac{\partial \rho}{\partial x}+\rho\,\frac{\partial u}{\partial x}=0 \tag{2-42}$$

为消去式(2-41)中的压力项，引入以下关系式：

$$p=k_0\rho u^2 \tag{2-43}$$

式中，k_0 为常数，对于高速撞击问题可近似认为 $k_0=O(1)$（表示 k_0 是比 1 高阶的无穷小），也就是可以忽略压力的变化。

将式(2-43)代入式(2-41)，可得

$$\frac{\mathrm{d}u}{\mathrm{d}t}+u\,\frac{\partial u}{\partial x}+k_0\left(\frac{u^2}{\rho}\,\frac{\partial \rho}{\partial x}+2u\,\frac{\partial u}{\partial x}\right)+\alpha u^2=0 \tag{2-44}$$

密度随时间的变化率可以近似为[70]

$$\frac{\partial \rho}{\partial t}=\rho\,\frac{\partial u}{\partial x} \tag{2-45}$$

将式(2-45)代入式(2-42),可得

$$\frac{u^2}{\rho}\frac{\partial\rho}{\partial x}=-2u\frac{\partial u}{\partial x} \qquad (2\text{-}46)$$

将式(2-46)代入式(2-44),可得

$$\frac{\mathrm{d}u}{\mathrm{d}t}+u\frac{\partial u}{\partial x}+\alpha u^2=0 \qquad (2\text{-}47)$$

给定初始条件 $u(x,0)=v_s$,利用特征线法可求解式(2-47),沿着特征线 $\mathrm{d}x/\mathrm{d}t=u$,依据式(2-47)有 $\mathrm{d}u/\mathrm{d}t=-\alpha u^2$,可得

$$u(x,t)=\frac{v_s}{1+\alpha v_s t} \qquad (2\text{-}48)$$

特征线方程可转换为

$$\frac{\mathrm{d}x}{\mathrm{d}t}=u(x,t)\Rightarrow x=\frac{1}{\alpha}\ln(1+\alpha v_s t) \qquad (2\text{-}49)$$

结合式(2-48)和式(2-49)消去 $1+\alpha v_s t$ 项,可得

$$u(x,t)=v_s\exp(-\alpha x) \qquad (2\text{-}50)$$

综合上述分析,结合以下假设:

(1) 撞击过程中起支配作用的是沿 x 轴方向的流体作用,即 $u\gg v$,因而沿 y 轴方向的动量方程,即式(2-40)可以省略,并且假设 $\partial^2 u/\partial x^2<\partial^2 u/\partial y^2$。

(2) 忽略质量守恒方程中的密度行为。

由此可将薄板的二维微分控制方程化为

$$\begin{cases}\dfrac{\partial u}{\partial x}+\dfrac{\partial v}{\partial y}=0\\[2mm] -\alpha u^2+u\dfrac{\partial u}{\partial x}+v\dfrac{\partial v}{\partial y}=\dfrac{u}{\alpha}\dfrac{\partial^2 u}{\partial y^2}\end{cases} \qquad (2\text{-}51)$$

为了求解上述微分控制方程,Chant 定义了流量函数(stream function) $\psi(x,y)$,使得 ψ 满足 $u=\partial\psi/\partial x$, $v=\partial\psi/\partial y$。为了寻找式(2-51)的自相似性解,令

$$\psi(x,y)=a(x)f(x) \qquad (2\text{-}52)$$

将该式代入 u 的动量方程,即式(2-51)的第二部分,可得

$$-\alpha a^2 f'^2+aa'f'^2-a^2 ff''=\frac{a^2}{\alpha}f'f''' \qquad (2\text{-}53)$$

如果相似解存在,就需要式(2-53)与变量 x 或变量 y 中的一个无关。经过观察,如果 $aa'\propto a^2$,式(2-53)将和 x 无关。应用式(2-50),若 $aa'=-\alpha a^2$,或者 $a(x)=v_s\exp(-\alpha x)$,则式(2-53)将严格唯一依赖于 y。

$$f'f'''+2\alpha^2 f'^2+\alpha^2 ff''=0 \qquad (2\text{-}54)$$

该式可以通过数值方法求解,也可以得到近似解析解。Chant 认为,该式是经过近似处理得到的,因而计算精确的数值解并无多大意义,所以 Chant 利用关系式

$ff''/f'\approx-1$ 将式(2-54)化为

$$f'''+2\alpha^2 f'^2=\alpha^2 \tag{2-55}$$

解式(2-55)可以得到周期解为

$$\begin{cases} f'=c_1\cos\sqrt{2}\alpha y+c_2\sin\sqrt{2}\alpha y+\dfrac{1}{2} \\ f=\dfrac{c_1}{\sqrt{2}\alpha}\sin\sqrt{2}\alpha y-\dfrac{c_2}{\sqrt{2}\alpha}\cos\sqrt{2}\alpha y+\dfrac{y}{2}+c_3 \end{cases} \tag{2-56}$$

式中, c_1 、 c_2 、 c_3 均为积分常数。利用边界条件, $f(0)=0$, $f'(0)=1$ 和 $f'(\infty)=0$ 可以确定 $c_1=0.5$ 、 $c_2=0$ 、 $c_3=0$,从而将式(2-56)化为

$$\begin{cases} f'=\dfrac{1}{2}(\cos\sqrt{2}\alpha y+1) \\ f=\dfrac{1}{2}\left(\dfrac{1}{\sqrt{2}\alpha}\sin\sqrt{2}\alpha y+y\right) \end{cases} \tag{2-57}$$

将流量函数关系式(2-52)代入式(2-57),可得

$$\begin{cases} \psi=\dfrac{v_s}{2\sqrt{2}\alpha}(\sin\sqrt{2}\alpha y+\sqrt{2}\alpha y)\exp(-\alpha x) \\ u=\dfrac{\partial\psi}{\partial y}=\dfrac{v_s}{2}(\cos\sqrt{2}\alpha y+1)\exp(-\alpha x) \end{cases} \tag{2-58}$$

这就是薄板侵彻过程中与时间无关的速度场解。该式包含两个信息,一是毁伤半径信息,如 $u(y=R_k)=0.5v_s(\cos\sqrt{2}\alpha R_k+1)\exp(-\alpha x)=0\Rightarrow\sqrt{2}\alpha R_k=\pi$;二是应变率信息,薄板侵彻问题中主应变率正是 $\partial u/\partial x$ 。根据这两个信息,有

$$\dot\varepsilon=\left|\dfrac{\partial u}{\partial x}\right|=\alpha\dfrac{v_s}{2}\left(\cos\pi\dfrac{y}{R_k}+1\right)\exp(-\alpha x)=\dfrac{(v_s c_t)^{0.5}}{2T_t}\left(\cos\pi\dfrac{y}{R_k}+1\right)\exp\left(-\left(\dfrac{c_t}{v_s}\right)^{0.5}\dfrac{x}{T_t}\right) \tag{2-59}$$

依据式(2-59)能够计算出最大应变率 $\dot\varepsilon_{max}$ 、孔径范围内以侵彻深度为函数的平均应变率 $\dot\varepsilon_A$ 、整个孔径和侵彻深度范围内的平均应变率 $\dot\varepsilon_V$ 分别为

$$\dot\varepsilon_{max}=\dfrac{(v_s c_t)^{0.5}}{T_t} \tag{2-60}$$

$$\dot\varepsilon_A=\dfrac{(v_s c_t)^{0.5}}{2T_t}\left(1-\dfrac{4}{\pi^2}\right)\exp\left(-\left(\dfrac{c_t}{v_s}\right)^{0.5}\dfrac{x}{T_t}\right) \tag{2-61}$$

$$\dot\varepsilon_V=\dfrac{v_s}{2T_t}\left(1-\dfrac{4}{\pi^2}\right)\left[1-\exp\left(-\left(\dfrac{c_t}{v_s}\right)^{0.5}\right)\right] \tag{2-62}$$

式(2-62)就是所要求的求解应变的解析法,分别利用式(2-37)工程法和式(2-62)解析法对 Case1 撞击想定求解应变,表 2-8 是两种方法得到的结果对比。

表 2-8　工程法和解析法应变率对比　　　　　　　　　　（单位：s^{-1}）

方法	撞击速度/(km/s)			
	3	5	7	9
工程法	0.1500×10^5	0.2500×10^5	0.3500×10^5	0.4500×10^5
解析法	1.3059×10^5	1.9011×10^5	2.4047×10^5	2.8496×10^5

从表 2-8 可以看出，利用解析法计算得到的应变率比工程法高近一个数量级。将式(2-37)和式(2-62)进行对比，可以看出除了解析法考虑材料音速外，二者形式上基本相同，区别在于工程法以射弹直径为因变量，而解析法以薄板厚度为因变量。在 Case1 中，射弹直径(60mm)是薄板厚度(5mm)的 12 倍，表 2-8 中两种方法得到的结果差异主要是这一因素造成的，考虑到解析法的理论依据，采用式(2-62)求解应变率。

4. 碎片云速度分布

碎片云的运动特性主要是指作为一个大量碎片的集合体在不同撞击条件下的空间运动规律。正撞击碎片云在宏观上可认为是以弹道轴线为对称轴的轴对称结构，其主要运动特性可由碎片云上各点的轴向速度与径向速度表征，二者的矢量和即为该点运动速度。轴向速度矢量的方向平行于弹道轴线，径向速度矢量的方向垂直于弹道轴线。

在弹丸与薄板之间的撞击发生很短时间后的 t_0 时刻，撞击体材料便完全破碎，可认为此后的碎片之间无相互作用，各自速度不再变化，保持自由的直线运动。将碎片云的实际运动置于一个笛卡儿坐标系中进行描述，该坐标系为物理坐标系，如图 2-32 所示。碎片云可由处于平面坐标系中的实际对称曲面的母线来表示，将坐标原点置于弹道轴线与薄板的交点。

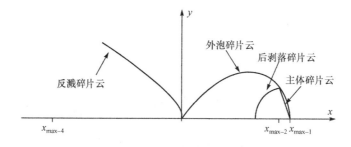

图 2-32　坐标系中的碎片云示意图

考察处于自由运动中的碎片云上的任意点 P 的运动。设在 t_0 时刻，P 点的坐标为 (x_0, y_0)，经过一段时间运动，在 t 时刻，该点的坐标为 (x, y)。另 P 点粒子的

运动速度为(v_x, v_y),则有

$$
\begin{cases}
v_x = \dfrac{x - x_0}{t - t_0} \\[2ex]
v_y = \dfrac{y - y_0}{t - t_0}
\end{cases}
\tag{2-63}
$$

在时刻 t_0 与 t,点 P 的坐标 x_0 与 x、y_0 与 y 相比均为小量,且另 $k_t = 1/t$,故式(2-63)可表示为

$$
\begin{cases}
v_x = \dfrac{x}{t} = k_t x \\[2ex]
v_y = \dfrac{y}{t} = k_t y
\end{cases}
\tag{2-64}
$$

由式(2-64)可见,运动速度的两个分量与坐标分量之间存在线性关系,这说明可以将碎片云中的碎片看成全部从撞击点产生,并且各自以恒定速度运动,碎片云的形状在任意时刻保持不变,具有自相似性。比例系数 k_t 与碎片云所处时刻有关,一旦确定了碎片云所处时刻,对于碎片云中所有碎片,该系数均相同,因而任意两点的速度之比等于同一时刻两点的位移之比。

5. 碎片云质量分布

碎片云质量分布指所有碎片的质量在空间中的分布特性,在碎片云建模中必不可少,其准确性很大程度上影响着碎片云动量与能量守恒的计算。因此,必须根据建模目的,结合实际,给出合适的碎片云质量分布函数。在最初的碎片云模型中,质量多被假设为均匀分布,即各处质量密度均相同,这显然是不符合实际的。真实碎片云的质量分布相当复杂,人们只能提出尽量接近实际的分布函数,如高斯函数等。另外,对于不同的组成部分,质量分布不尽相同,需要分别进行研究。

质量分布利用碎片云上任意点的质量密度进行表征,这里质量密度是指质量的空间密度而非材料密度。考虑到正撞击碎片云的轴对称特性,与碎片云速度分布一样,质量密度也在二维平面内描述。为了找到合适的碎片云质量密度函数,主要通过分析试验与数值模拟数据,确定碎片云各组成部分的质量密度在空间中的分布规律,再根据建模目的,提出合理的质量分布假设。

6. 碎片云相态特性

超高速撞击中,在冲击波和稀疏波的共同作用下,材料会发生破碎、熔化甚至气化,也就是说会引起材料发生相变。文献[71]对不同初始撞击条件下碎片云中受到激波加载和释放的那部分物质的三相质量分数进行计算。通过对不同厚径比 h/d 的工况进行计算,可以发现球形弹丸正撞击防护屏后产生的碎片云相态质量

分数只与撞击速度有关。对于弹丸材料和防护屏材料均为铝时，如图 2-33 所示，当撞击速度小于 5.7km/s 时，碎片云中的材料全部为固态，相当于多个微小弹丸撞击舱壁，此时对舱壁的损伤最大；在 5.7~6.9km/s 的范围内是固液相共存，但这个范围很小，即碎片云中物质液相的质量分数随速度变化很快；在 6.9~10.4km/s 这个较大范围内，碎片云为液相，对舱壁的损伤较小；从 10.4km/s 开始碎片云中的物质开始气化，出现液气相共存，对舱壁的损伤最小。同时可以看出，从碎片云开始气化到 30% 的碎片云气化范围很大。

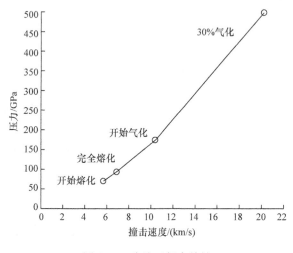

图 2-33　碎片云相态特性

2.3.5　累积撞击损伤评价模型

对于微小空间碎片的累积撞击毁伤效应，国内外有关学者也进行了研究[72]。假设样品的总表面积为 S，单位时间内碎片（粒子）撞击在该表面造成的累积损伤面积为 S_n。定义累积损伤程度指标 f 为累积损伤面积 S_n 与总表面积 S 的比值，即

$$f=\frac{S_n}{S}\times100\%　\qquad(2-65)$$

则评价累积损伤程度的关键是确定累积损伤面积 S_n。

假设样品表面单位面积上共遭受到 n 次撞击，如果任意两次撞击造成的损伤区域无重叠或可近似认为无重叠，则有

$$S_n=\sum_{i=1}^{n}S_i=\sum_{i=1}^{n}\pi r_i^2　\qquad(2-66)$$

式中，$r_i(i=1,2,\cdots,n)$ 为第 i 次撞击在材料表面产生的损伤区域的等效圆半径；S_i 为第 i 个损伤区的面积。

如果撞击造成的损伤区域存在交叉重叠现象,则式(2-66)不再成立,需要对 S_i 进行加权平均,计算 f 的数学期望。

事实上,撞击造成的损伤区域与碎片(粒子)的材料种类、几何尺寸、几何形状、撞击速度和撞击角度等因素密切相关,难以利用式(2-66)直接进行预估计算。许多学者对这一问题进行了研究,其中 Gannon 模型和 Mark 模型的影响较大。

美国 NASA 马歇尔空间中心的 Gannon 等以抛光金属镜面光学反射率的试验结果为基础,建立了描述样品表面损伤程度与光学反射率之间关系的方程:

$$R = R^{\infty} \frac{S_n}{S} + R_0 \left(1 - \frac{S_n}{S} \right) \tag{2-67}$$

式中,R_0 为试样的原始光学反射率;R^{∞} 为损伤处的光学反射率(也是损伤后样品光学反射率的极值)。

美国 NASA 刘易斯研究中心的 Mark 等研究了金属材料光学反射率与粒子动能之间的关系,提出了描述粒子撞击动能与金属材料光学反射率关系的方程:

$$\begin{cases} R = R_0 \left\{ 1 - \left(1 - \frac{R^{\infty}}{R_n} \right) \left[1 - \exp(-KE_n) \right] \right\} \\ K = \frac{2}{S} \left(\frac{9\pi}{16E^2} \right)^{1/3} (mv^2)^{1/3} \end{cases} \tag{2-68}$$

式中,E_n 为撞击样品的所有粒子的动能总和;E 为产生单位体积撞击坑所需的粒子动能;m 为粒子的质量;v 为撞击速度。

对上述两种模型进行理论分析表明:二者的表达形式尽管相差较大,但它们的本质是相同的,在损伤程度较低时,二者的预测曲线重合,特别是 Mark 模型更适用于半球形撞击损伤。

2.4 典型应用

2.4.1 空间碎片防护

对于毫米级和微米级的空间小碎片,由于体积太小并且数量太多,无法逐个测量它们的轨道,航天器只能采取被动防护设计的方法。空间碎片防护设计的途径有三条[73]:一是通过优选表面材料、改变结构和增加厚度来提高航天器抵御空间碎片撞击的能力;二是在航天器外面增加屏障,降低空间碎片对航天器的撞击损害;三是将娇弱经不起撞击的关键部件安置在不易受撞击的位置。

防护结构设计作为被动防护的核心技术,是空间碎片防护研究领域的重点,其中最具代表性的研究机构首推美国 NASA,其次是俄罗斯宇航局和欧洲空间局等。他们在防护结构设计领域的研究方向有防护材料与防护屏设计、防护结构设计原则与防护策略、系统失效模式、防护结构优化设计、防护结构设计软件应用开发研究等[74]。

1. 防护结构设计的基本方法

航天器由复杂的分系统组成,它们不同程度地受到空间碎片高速撞击及其后续效应的威胁。然而,各分系统的构造、功能、失效模式及其对飞行任务的影响不同,对防护的需求也不同,在进行防护结构设计时还要综合考虑设计、制造、加工、装配、经济性等因素。根据国际发展和经验,防护结构的一般性设计原则是针对不同任务使命的航天器,对其各个分系统进行适当的防护结构设计。

对于非载人航天器,由于失效准则层次不同,相应采取不同的防护策略:在设计上一般采用简单的设计和结构形式,如标准化设计;在材料上使用高屈服强度的材料,如某些铝合金、层压材料和复合材料等;不影响航天器的正常使用,如展开过程、视场要求和通信要求等;应尽量避免采用专用防护墙。因此,非载人航天器的防护重点是对外露结构和关键部件进行防护结构设计。

对于载人航天器,需要较高的安全概率(国际空间站为 0.98),防护的重点是乘员的安全和避免系统级失效的产生。因此,载人航天器防护结构设计的主要工作集中于对压力舱等关键舱段和对大部分敏感设备按防护等级要求进行有效且巧妙的屏蔽防护,致力于研制效费比高、更耐碰撞损伤的结构。

机构间空间碎片协调委员会(Inter Agency Debris Committee, IADC)在其《空间碎片防护手册》中指出,任何现有的子系统,如果能够改善航天器遭受撞击时的生存能力,都可视为防护屏。因此,防护结构设计的形式是多样的,不是单纯的材料或结构的设计,有多种防护策略可供选择。通常,防护结构设计的主要步骤如下:

(1) 选择合适的空间碎片环境工程模型。
(2) 确定航天器易损部件/分系统。
(3) 建立航天器表面单元模型,进行初步防护结构设计。
(4) 确定航天器的损伤模式、失效准则。
(5) 评估航天器空间碎片撞击失效概率。
(6) 变更防护结构设计分析,迭代优化直至满足要求。

围绕防护结构设计需要开展撞击风险评估、典型撞击试验、撞击数值仿真、防护材料研制和防护结构优化及其相关技术的研究,涉及多个学科的交叉,是个高度复杂的非线性问题。

2. 防护结构设计的主要措施

根据防护目标、目的和防护手段的不同,防护结构可分为非防护屏式防护结构、防护屏式防护结构、特殊性能表面防护结构几种典型类型。

1) 非防护屏式防护结构

航天器结构在整个飞行任务中为航天器提供刚度支持，并保护有效载荷免受空间碎片环境的危害。非防护屏式防护结构以航天器结构为防护目的与防护手段，是最首先采用的主要防护措施。

（1）航天器主结构防护。航天器主结构是航天器的典型外露结构，其外露表面积较大，而且支持连接着航天器其他分系统及其机构、仪器设备等部件。因此，主结构容易遭受空间碎片的撞击并产生严重后果，主结构防护也就成为航天器防护结构设计中首先需要考虑的问题。单一的薄墙结构往往不能满足规定的防护需求，三明治结构是通常选择的设计，如图 2-34 所示。三明治结构承受超高速撞击的能力较强，尤其是双层蜂窝夹心可以分散二次碎片云，减小最大碎片的大小，常用于航天器易受空间碎片攻击的表面，如飞行方向的表面。然而，使用该结构增强防护带来了工程问题，如弯曲加工时不能碾压、电子界面和电磁显示复杂等。因此，制定高效费比的防护方案需要考虑制造、加工、装配等工程因素。

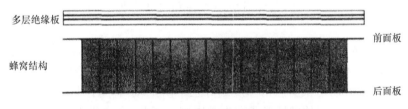

图 2-34　标准单层蜂窝三明治结构

（2）复合材料结构防护。复合材料结构是一种有效的防护结构，它兼有多种材料的防护优点，其超高速撞击性能依赖于材料的化学组成、纤维束尺寸和纤维束状况。试验表明，适当的复合材料结构可以减少撞击产生的分层现象，广泛分散碎片云，降低受保护设备的损坏程度。针对普通型三明治结构提出的复合材料三明治结构拥有不同的撞击特性，对某些特定条件下的撞击非常有效，可以替代传统的合金结构。

（3）结构遮挡防护。由于航天器外形较复杂并沿着飞行方向与空间碎片相撞，在来流方向靠前的结构为靠后的结构抵挡一部分撞击碎片，于是在结构之间形成遮挡防护。通过统计来流的分布情况，可以将较重要的结构或舱段布置在相对不重要的结构或舱段之后，使前者受到后者的遮挡保护。合理地应用结构遮挡防护，可以在不增加或少量增加结构重量的情况下提高整体结构的防护性能，降低航天器的失效风险。

俄罗斯提出的一个新的防护概念——非正投影防护，也是基于结构遮挡的防护方式。通常的防护遵照所谓的正投影防护，即防护结构与受保护结构墙面形状保持平行。而非正投影防护将防护结构与受保护结构"隔离"出来,使撞击载荷产生的二次碎片云不充分作用到主结构上。于是,结构的弹道极限由最大二次碎片来定义,失效准则也发生改变。通过基于动量守恒定律的理论计算和试验验证,给出了国际空间站俄罗斯舱非投影防护的优选方案,在该方案中,美国舱段的太阳翼、热辐射器作为非投影防护,连同增加的防护结构,使俄罗斯舱结构的弹道极限得到优化。

2) 防护屏式防护结构

防护屏式防护结构是为了达到主结构的低穿透率进行的特别防护措施,主要运用于长期运行的载人航天器的关键部件的防护。在保护结构面板的前面或后面安装缓冲墙,缓冲墙与结构面板保持一定距离,在主结构前可以瓦解撞击粒子和部分消耗其能量,吸收碎片云,消除或减少结构面板的损坏;在主机构后可以捕获碎片云,保护内部仪器设备。

自从 Whipple 防护结构提出以来,科研工作者不断地改进防护结构构型及材料来提高防护能力。如今的 Whipple 防护屏已经拥有单层、双层、多层、填充式、网状、梯度复合等多种形式,其弹道极限方程和尺寸方程不同,表现出不同的防护特点。

(1) 单层 Whipple 防护屏,即 Whipple 防护结构(图 2-35),是最早采用的防护屏形式,其防护构型为在主结构前一定距离上布置单层的防护屏。对于指定的单层 Whipple 防护屏,可根据撞击速度划分三个防护域:弹道区域、破碎区域、超高速区域,分别代表不同的破坏形式和失效准则。因此,在应用设计中,需要考虑航天器的需求与弹道极限方程的适用范围并结合试验验证。

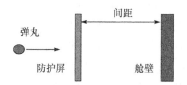

图 2-35　单层 Whipple 防护屏

材料对防护屏遭遇撞击的特性影响很大。单层 Whipple 防护屏早期使用铝板作为前置防护屏,其防护性能十分有限。为了充分利用航天器宝贵的用于防护结构的额外质量,开始使用防护性能更强、密度更小的防护材料,如适用于低速撞击的 Glare 材料和适用于高速撞击的 Kevlar 材料。

单层 Whipple 防护屏对射弹形状比较敏感。试验表明,指定的单层 Whipple 防护屏可以防护的圆球质量是其他形状(椭圆、圆柱)质量的 2 倍以上。与其他防护屏结构相比,单层 Whipple 防护屏构型简单,符合简单设计、制造原则,特别适合航天器防护空间受到限制的情况。但在考虑防护较大撞击碎片大小、速度和提供较高安全概率时,单层 Whipple 防护屏不能胜任。近十年以来,国际上发展了各种复杂的防护屏构型,适应更高的防护需求,适合航天器防护空间不受到限制的情况。

(2) 双层、多层 Whipple 防护屏,指在主结构前一定距离上布置一层以上的防护屏(图 2-36)。为什么要用一层以上的防护屏而不是加厚的单层防护屏? 理论和试验证明,相同面密度时,前者的弹道极限优于后者,在较大尺寸、速度的碎片撞击时能使其逐渐破裂、产生高温、部分蒸发,为主结构提供更强的保护,特别是可以有效地抵挡二次碎片,具有单层防护屏无法比拟的优势。缺点是占用航天器表面及纵深较大空间,需要与总体设计协调。

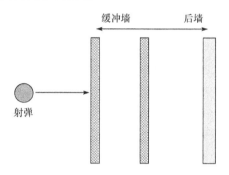

图 2-36　双层 Whipple 防护屏

(3) 填充式 Whipple 防护屏,是随着材料技术发展而来的新式防护屏(图2-37)。在单层 Whipple 防护屏之间靠近主结构处填充新型材料,如陶瓷布(nextel)、高强度布(kevlar)、金属网等。有时在缓冲器外层铺设多层绝热涂层。填充式 Whipple 防护屏通过使用多种材料以发挥各种材料的防护特点,其防护质量小、占用空间少,因此填充式 Whipple 防护屏很受欢迎,并处于不断的发展中。

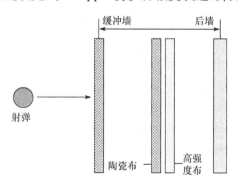

图 2-37　填充式 Whipple 防护屏

(4) 梯度复合 Whipple 防护屏,是将梯度复合板作为防护屏,取代以往由单一均匀材料制作的离散的多层防护屏(图 2-38)。梯度复合板的梯度复合层选用比强度传统金属材料更高的新型金属陶瓷、非晶合金,用梯度层材料与铝合金复合形成 Whipple 防护屏,以抵御空间碎片的撞击。

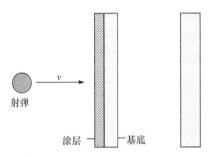

射弹

v

涂层　　基底

图 2-38　梯度复合 Whipple 防护屏

(5) 网状防护结构因其构型简洁、性能优越且易于实现,展现出良好的应用前景。近几年来,国内针对金属网、金属网-Kevlar 作为填充层开展了防护特性试验研究,并得到一些初步的试验和分析结果。由于金属网的材质、网丝的粗细、网丝的间距、多层网的叠合方式、金属网在整个防护结构中所处的位置不同,会使得防护性能存在较大的差异。

3) 特殊性能表面防护结构

航天器的典型外露表面除了普通结构表面,还包括特殊性能表面,如温控涂层表面、窗口玻璃表面、太阳帆板表面等。特殊性能表面的面积一般较大,既有小碎片灾难性撞击的危险,又受到微小碎片碰撞累积效应的威胁。对于低能量的微小碎片,其与航天器的碰撞将在航天器表面结构材料上形成较浅的凹坑或划痕,不会立即击穿航天器表面结构材料。但这种微小碎片数量众多,当航天器在轨运行时间较长时,这种撞击的累积效应将会凸现。特别是对特殊性能表面,这些表面由于材料性能特殊、结构形式复杂、强调设计功能,往往需要综合考虑各方面的因素特别是设计的要求来实现防护设计。

温控涂层是典型的特殊性能表面。航天器表面温控涂层破坏可以引发内部结构、设备的失效,导致飞行任务的永久丧失或提前终止。因此,需要提高温控材料(如 MLI)的防护性能,如增加多层隔热材料的层数、夹层中增加 β 布或 Kevlar 材料、安装间距等,降低其退化速度,同时需要结合热传导、温控分系统的设计要求,使温控涂层与内结构表面加热器形成一体,并以统一的弹道极限方程进行失效评估。

舷窗是航天器特别是载人航天器居住舒适性和科学试验与观测的重要条件。对舷窗的防护设计包括材料和设计两方面。美国航天飞机和国际空间站都是三窗体系,外窗可损失,主窗承受载荷,内窗备用。通常采用的窗体材料是硅土玻璃,其在高速撞击下易碎。而聚碳酸酯透明材料具有良好的弹道极限,特别是提供了优异的防破裂和脱粒性能。该材料已经应用于国际空间站舱口盖窗口,并将在未来的空间飞行器中推广应用。考虑到舷窗并不需要在整个任务时间保持透明状态,国际上提出在窗口安装百叶窗式防护结构,可以打开或关闭,为舷窗的防护设计提供了可选的方案。

2.4.2　空间碰撞在轨感知

为了对航天器在轨遭受空间碎片撞击事件进行实时监测,世界主要航天国家或机构分别提出了多种空间碎片撞击在轨监测的技术措施,如热成像感知技术、电磁波发射技术、基于声发射技术的在轨感知技术、电阻薄膜监测技术、聚偏氟乙烯(PVDF)压电薄膜监测技术、电容传感监测技术等。其中基于声发射技术的在轨感知技术受到了最广泛的关注,其技术成熟,具有航天器资源占用率低、环境适应性强、对结构形状不敏感等特点,易于实现在轨实时监测,被认为是最具可行性的在轨监测技术手段。该技术方法的优点主要表现为[75]:

(1)它是一种动态检测方法。由于感知系统所探测到的能量是来自空间碎片撞击事件本身,因此,声发射在轨感知系统所需功耗小,对航天器电源造成的负担小。

(2)声发射源种类较多,除了空间碎片撞击造成的声发射现象外,航天器的气体泄漏也可激发声发射现象。因此,声发射感知系统除了用于空间碎片撞击监测外,还可以用于航天器其他损伤和缺陷的监测。

(3)在一次空间碎片撞击事件中,声发射感知系统能够整体探测和评价整个航天器结构中损伤的状况并识别空间碎片的撞击参数。

(4)可提供动态缺陷随载荷、时间、温度等参数变化的实时或连续信息,因此适用于对在轨航天器在线监测和早期或临近破坏预报。

(5)环境适应性强,适用于空间的高低温、高真空、强电磁辐射等环境。

(6)空间碎片超高速撞击航天器产生的声发射信号能量很大,因此使用少量传感器就可以实现大面积监测。

(7)每次声发射事件中,各传感器都能接收到来自同一声发射源激发的声发射信号,单个传感器失效不会影响整个系统的功能,因此声发射在轨感知系统具有很高的可靠性。

基于声发射技术的在轨感知技术的工作原理是利用发声换能器对空间碎片超高速撞击所致的声发射现象进行感知,利用定位算法和损伤识别技术来确定损伤位置与损伤情况,并对碎片撞击情况做出动态的监测与预报,其基本构成如图 2-39 所示。

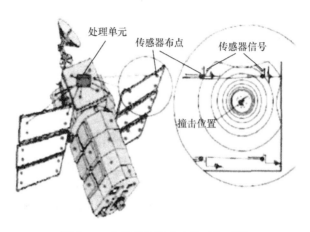

图 2-39　空间碎片撞击在轨感知系统

国外早在 20 世纪 70 年代就开始了该技术的研究工作,但其早期工作主要集中在利用模拟声发射源开展该技术的可行性研究上。随着载人航天的发展,尤其是"哥伦比亚"航天飞机失事后,该技术受到了高度重视,随之进行了一系列超高速撞击声发射试验。

国内空间碎片研究起步较晚,但已有多家研究机构在超高速撞击的在轨检测方面开展了研究工作,其中哈尔滨工业大学率先提出并开展了基于声发射技术空间碎片撞击在轨感知技术的研究工作,研制了基于声发射技术的空间碎片撞击在轨感知系统原理样机,在空间碎片撞击在轨感知技术领域取得了重大突破。

基于声发射技术的空间碎片撞击在轨感知技术的主要研究内容包括:超高速撞击声发射信号获取技术、发射信号特征鉴别分析技术、撞击源定位和损伤模式识别技术、声发射源建模技术以及空间碎片撞击在轨感知系统原理样机等。

第3章 航天器碰撞解体

航天器遭受厘米级以上的空间物体撞击时可能发生部分或全部解体,此时研究的重点已不是航天器结构损伤或功能降低的问题,而是解体生成空间碎片的规律问题。其中与航天器碰撞的空间物体主要有三类,即其他航天器、空间碎片和动能拦截器。

3.1 主 要 现 象

航天器碰撞解体的研究内容直接涉及航天器结构特征、碰撞毁伤状态、碰撞解体机理、碰撞解体模型、碎片轨道分布等,更进一步则要研究解体产生的碎片对其他航天器造成的威胁、对空间环境的污染以及污染的防治等。从现象而言,航天器碰撞解体的直接效应就是产生碎片,如图 3-1 所示。

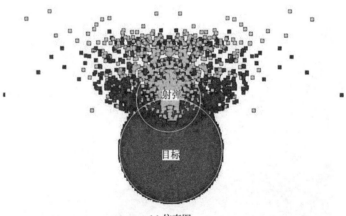

(a) 仿真图

(b) 试验图

图 3-1 航天器碰撞解体示意图

3.2　试 验 研 究

　　试验是研究航天器碰撞解体的重要手段,主要包括两类:一是实验室内的地面撞击试验;二是空间飞行状态下的在轨撞击试验/事件。

3.2.1　地面试验

1. NASA 卫星撞击试验项目

1) SOCIT 项目
　　目前美国国防部和 NASA 使用的解体模型部分是基于 1992 年的 SOCIT (Satellite Orbital Debris Characterization Impact Test)项目,其超高速撞击试验利用的大都是 20 世纪 60 年代的技术。SOCIT 试验于 1991~1992 年在美国空军阿诺德工程发展中心(AEDC)的超高速弹道靶(G 靶)上完成,共进行了 4 次试验,其中以第四次试验(SOCIT4)最为著名,图 3-2 是 SOCIT 试验卫星示意图。SOCIT 项目为 NASA 建立标准解体模型提供了关键数据支持。表 3-1 列出了美国和欧洲为建立解体模型而开展的部分试验[76]。

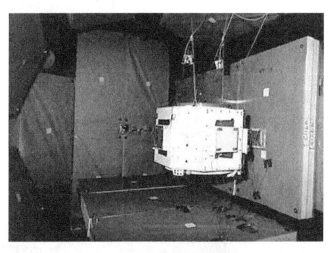

图 3-2　SOCIT 试验卫星示意图

表 3-1　地面撞击试验汇总表

序号	试验名称	目标描述	目标质量/kg	射弹质量/g	撞击速度/(km/s)	A	B	碎片质比
1	MOCK 1，KSC 6766	带电路板的模拟卫星	27	150	6.0	0.42	0.71	0.5
2	SOCIT 3，GRC 6787	带电路板的模拟卫星	29.5	150	6.0	0.53	0.65	0.5
3	SOCIT 4，GRC 6789	带电路板的模拟卫星	34.5	150	6.0	0.32	0.78	0.6
4	GRC 381	球形真空铝盒	0.03	2	6.4	0.38	0.75	0.8
5	GRC 385	球形真空铝盒	0.03	2	6.4	1.22	0.73	1
6	GRC 6380	球形铝盒	2.1	80	5.5	0.7	0.75	0.5
7	GRC 6385	球形铝盒	2.1	80	5.5	0.71	0.76	0.6
8	GRC 6386	球形铝盒	2.1	80	5.5	0.77	0.74	0.49
9	PSI 5192	带电路板的铝管	26	240	6	0.9	0.68	0.5
10	PSI 5268	带电路板的铝管	26	240	3.7	0.49	0.69	0.6
11	CU 5271	装满电路的铝管	31	80	3.4	0.16	0.79	0.3
12	CU 5272	装满电路的铝管	31	80	3.4	0.41	0.45	1
13	AFA 6472	1/4 比例的防护靶	7.3	84	5.6	0.63	0.71	0.19
14	Battelle LGG 50	装满液体的钢管	0.31	4	3	1.01	0.54	1
15	Battelle LGG 51	装满液体的钢管	0.31	4	2.5	0.82	0.51	1
16	Battelle LGG 53	装满液体的钢管	0.31	4	2	0.91	0.42	1
17	Battelle LGG 59	装满液体的钢管	0.31	4	1.5	1.1	0.41	1
18	Battelle LGG 60	装满液体的钢管	0.31	4	2.2	0.99	0.56	1
19	MBB 49366	带 10 个电路板的矩形盒	0.33	8	10	0.51	0.67	0.45
20	MBB 49367	铝的 1/4 比例普通卫星	19.3	10	10	1.75	0.46	0.8
21	MBB 49368	铝的 1/4 比例普通卫星	19.3	1	10	1.59	0.43	0.45
22	MBB 49369	铝的 1/4 比例普通卫星	17.3	10	10	1.17	0.45	0.46

注：A、B 分别是解体模型质量分布函数中的比例系数和幂系数；"碎片质比"是指收集到的碎片质量和与解体物体质量的比值。

2）DebriSat 计划

NASA 于 2011 年启动了一项针对解体模型的改进项目。该项目的核心是设计一个能够代表现代卫星特征的高仿真度模拟卫星(DebriSat),并采用该模拟卫星开展超高速撞击试验以分析其解体特性。

DebriSat卫星预计尺寸为50cm×50cm×50cm,质量为50kg,计划采用5cm直径的铝球以7km/s速度进行撞击。研究人员从过去15年里发射和设计的467颗近地轨道(low earth orbit,LEO)卫星里选出50颗典型的卫星进行分析(卫星质量为1~5000kg),所选择的50颗卫星具有与全部476颗卫星相似的质量分布。分析确定具有共性的部件,如电池、传动机构、传感器、推进器、通信模块等。

为了确保DebriSat卫星的高仿真度,从材料类型、数量以及制造工艺、组装方式上都要求与真实飞行任务保持一致。例如,为了模拟在发射载荷下的响应,该卫星将进行振动测试;为了模拟部件和系统在典型环境下的性能,还将进行真空高热条件下的测试。少量卫星部件将采用工程样机,其余部件进行模拟制作,但在材料和构型上保持严格一致。该项目计划于2012年完成DebriSat卫星设计,2013年完成制造,2014年送往美国空军诺德工程发展中心的弹道靶开展撞击试验,并于2015年完成解体碎片的分析和解体模型的改进。

2. 日本九州大学的研究

日本九州大学Hanada教授所领导的课题组是近年来在航天器解体模型方面较为活跃的研究团队。在NASA空间办公室资助下,该团队于2005~2008年开展了7次模拟卫星撞击试验。

试验所用模拟卫星结构如图3-3所示[77],六面体外壳采用CFRP材料,内部隔板采用GFRP材料,安装有锂电池、电路板、发射机、天线等部件。此外,部分试

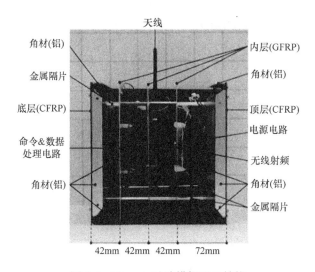

图3-3　Hanada试验模拟卫星结构

验中卫星外壳还包裹了 MLI 材料。撞击卫星所用弹丸为铝球,撞击速度为 1.6~
4.5km/s,详细参见表 3-2[78]。

表 3-2　九州大学开展的卫星碰撞试验

年份	试验编号	L_t/cm	M_t/g	M_p/D_p	v/(km/s)	E_p/(J/g)	撞击方向	碎片数量
2005	HVI	15	740	4.03/1.4	4.44	53.7	⊥	1500
2005	LVI	15	740	39.2/3.0	1.45	55.7	⊥	1500
2007	Shot-1	20	1300	39.2/3.0	1.66	41.5	⊥	1300
2007	Shot-2	20	1283	39.2/3.0	1.66	42.0	//	1000
2007	Shot-3	20	1285	39.2/3.0	1.74	45.1	⊥	1500
2008	Shot-F	20	1515	39.2/3.0	1.74	39.2	⊥	2400
2008	Shot-R	20	1525	39.3/3.0	1.78	40.8	⊥	1250

注:L_t 为卫星特征尺寸;M_t 为卫星质量;M_p 为弹丸质量;D_p 为弹丸直径;v 为撞击速度;E_p 为弹丸动能
与卫星质量的比值;⊥表示撞击方向垂直于卫星内部隔板;//表示撞击方向平行于内部隔板。

1) 撞击速度对解体碎片的影响

2005 年的两次试验所用卫星和撞击能量密度相同,按照 NASA 解体模型,两
次试验所产生的碎片分布应该相同。但试验结果表明,高速撞击(HVI)比低速撞
击(LVI)产生更多较大尺寸的碎片,如图 3-4 所示。这与 NASA 标准解体模型的
计算结果是不相符的。

2) 撞击方向对解体碎片的影响

2007 年的试验中,Shot-1 垂直于卫星内部隔板撞击,而 Shot-2 平行于内部隔
板撞击在卫星天线位置。按照 NASA 模型,解体碎片分布与撞击方向和撞击点位
置无关。但是试验结果显示,Shot-1 试验卫星彻底解体,产生了超过 1300 个碎片,
而 Shot-2 试验卫星主结构未解体,仅产生了不到 1000 个碎片,如图 3-5 所示。

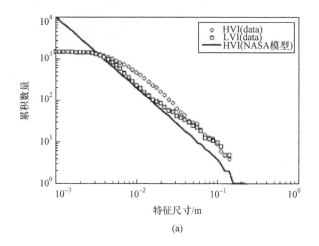

(a)

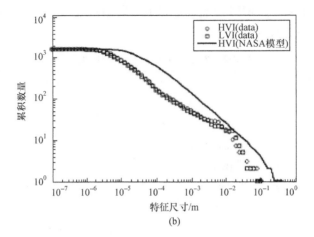

(b)

图 3-4　HVI 和 LVI 产生的碎片对比

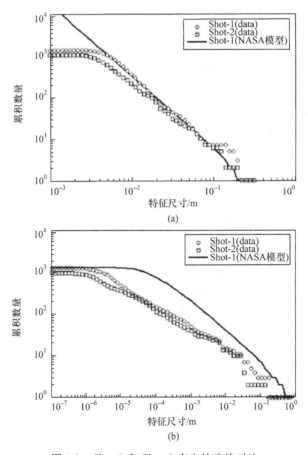

(a)

(b)

图 3-5　Shot-1 和 Shot-2 产生的碎片对比

3）卫星材料对解体碎片的影响

2008 年的两次试验中，在卫星外壳的 5 个表面覆盖了 MLI 材料，另一个表面安装了太阳能电池板。NASA 模型对于 8cm 以下尺寸碎片的面质比采用单个正态分布来进行描述。而试验结果显示，卫星解体碎片的面质比表现出多个峰值，且不同的峰值对应于不同的材料，如图 3-6 所示。

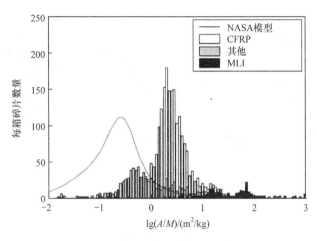

图 3-6　Shot-F 试验中碎片的面质比分布

3. 德国 EMI 研究所的研究

德国恩斯特-马赫研究所（Ernst-Mach-Institute，EMI）的 Schafer 等开展了简单立方体卫星碰撞解体的试验和仿真。试验采用简化的 Cubcsat 卫星靶标模型，尺寸为 10cm × 10cm × 10cm，弹丸为 ϕ12mm × 12cm 的铝柱，撞击速度约为 1.9km/s，撞击方式包括边缘撞击、斜角撞击、正撞击三种。同时采用 EMI 开发的 SOPHIA 软件进行了上述三种撞击情况下卫星解体的数值仿真。

通过试验和仿真，分析了解体碎片的质量和动量关于撞击方向的空间分布。结果表明，解体碎片的分布特征能够反映出撞击方式和卫星内部结构的差别。此外，Schafer 等通过观察试验获得的解体过程高速摄影图像，提出了卫星解体过程的一种假设模型：卫星结构的解体开始于外壳板沿着边缘的失效；撞击作用的效果类似于对结构施加内部超压；撞击方向确定了解体过程的路径。

4. 中国空气动力研究与发展中心的研究

中国空气动力研究与发展中心（China Aerodynamics Research and Development Center，CARDC）在"空间碎片计划"项目支持下，系统地开展了卫星碰撞解体碎片特性的研究及建模。在 CARDC 的弹道靶设备上先后开展了 6 次模拟卫星的超高速碰撞解体试验。模拟卫星采用铝合金六面体外形,包括简单和复杂两种内部结构,如图 3-7 所示[79]。其中简单结构只是在卫星内部呈"井"状布局安装了4 块铝合金板;复杂结构则在卫星内部安装了 1 个铝合金承力筒,承力筒外壁挂十字布局安装铝板,铝板上安装模拟电子盒。试验采用铝合金弹丸,撞击速度为3.0~4.3km/s,详细的试验参数见表 3-3。

(a) 简单结构　　　　　　　　　　　　(b) 复杂结构

图 3-7　两种模拟卫星结构示意图

表 3-3　CARDC 的模拟卫星碰撞解体试验参数

编号	弹丸尺寸/ (mm×mm)	弹丸质量/g	卫星尺寸/mm	卫星质量/g	卫星结构	撞击速度/ (km/s)
Test-A	$\phi10.96\times26.98$	4.79	100	330	简单	3.95
Test-B	$\phi21.98\times53.96$	38.86	200	2210	简单	4.24
Test-C	$\phi41.56\times57.94$	97.64	400	7295	复杂	3.26
Test-D	$\phi21.96\times53.96$	37.64	200	2210	简单	3.46
Test-E	$\phi41.58\times57.98$	97.15	400	8183	复杂	3.04
Test-F	$\phi41.58\times57.96$	96.93	400	13100	复杂	3.61

通过对试验回收的卫星解体碎片进行测量和统计分析,得到的主要结果如下:

(1) 碎片尺寸分布和质量分布在对数坐标系中近似呈线性关系,尤其是在较小碎片区域。

(2) 相同外形尺寸的卫星其碎片尺寸分布与质量分布曲线在坐标系中的位置基本相同,这与 NASA 标准解体模型的结果是不符合的。

(3) 碎片尺寸分布曲线与其质量分布曲线在形状、规律和相互位置上十分相似,表明碎片质量和尺寸之间具有确定性的关系。

(4) 碎片尺寸分布和质量分布曲线的斜率在本试验条件下几乎相同,但与NASA 模型所确定的斜率具有明显差别,这种差别可能是由撞击速度的不同引起的。

（5）碎片面质比分布表现出 3 个或 3 个以上的峰值，对应于不同的材料成分。而 NASA 模型的面质比分布最多表现出两个峰值。

3.2.2　在轨试验

表 3-4 汇总了历史上发生过的 5 次在轨撞击试验/事件情况，其中美国 3 次，中国 1 次，美俄 1 次。其中 USA-19（Delta-180）撞击试验是有效载荷 USA-19 与其火箭上面级 USA-19R/B 相撞，撞击的高度很低（217.5km），解体后碎片很快坠毁，参考价值不大。

表 3-4　在轨撞击试验/事件汇总

目标名称	日期	高度/km	目标质量 /kg	射弹质量 /kg	撞击速度 /(km/s)	编目碎片	在轨碎片
Solwind（P-78）	1985-9-13	525	850	16	7.6	288	0
USA-19R/B	1986-9-5	217.5	1455	930	3.0	18	0
1999-025A	2007-1-11	850	960	30	9.0	2532	2485
USA-193	2008-2-20	247	1817	30	9.8	175	2
Cosmos-2251	2009-2-10	790	900	560	11.6	224	222

1) P-78 撞击试验

20 世纪 80 年代初，美国空军实施被称为 P-78 的空间试验计划，先后进行了多次空间打靶试验，并于 1985 年 9 月，由 F-15 战斗机携带到高空发射的微型寻的拦截器（MHV）成功击毁失效太阳观测卫星 Solwind（图 3-8），这便是被称为 P-78（Solwind）的空间试验。P-78 试验表明，美国的机载动能拦截弹已初具作战能力，原计划 1989 年投产，20 世纪 90 年代初具备实战能力，但是由于种种原因，美国空军 1988 年 3 月宣布终止这项历时多年的机载动能拦截弹计划[80]。P-78 撞击试验是 Battelle 模型和 NASA 模型的重要数据源（也是唯一的在轨撞击试验数据源），所以解体模型在一定程度上反映了此次试验的结果。

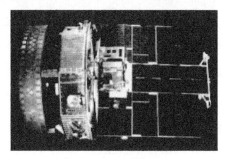

图 3-8　P-78 试验卫星

2) 1999-025A 撞击试验

相比 P-78 和 USA-193 在轨碰撞解体事件,1999-025A 撞击试验发生的轨道高度较高,卫星解体产生的空间碎片能够被 SSN 充分编目,有利于收集碎片数据,为相关研究提供数据支撑。1999-025A 解体碎片的演化由于驱使因素的不同,可分为碎片沿初始轨道的演化和碎片轨道沿赤道的演化 2 个阶段。

3) USA-193 撞击试验

2008 年 2 月美国海军使用一枚 SM-3 型导弹成功拦截并击中了一颗失控侦察卫星 USA-193,该卫星正处于坠入大气层前的近圆轨道上。由于解体高度很低(247km),碎片衰减的速度非常快,目前所有碎片已几乎完全坠毁[51]。该试验标志着美国动能反卫星技术已接近实战水平。

4) Cosmos-2251 撞击事件

发生在 2009 年 2 月的美俄卫星撞击事件是人类历史上首次发生卫星相撞的事故,经确认,两颗相撞的卫星分别是美国 1997 年发射的 Iridium-33 卫星和俄罗斯 1993 年发射的 Cosmos-2251 卫星。此次碰撞事件产生的新增碎片对低轨区域空间碎片环境带来了较大影响,新增碎片分布范围很广,在碰撞事件发生的高度附近,空间碎片的空间密度和通量均明显增加,航天器运行中的碰撞概率显著增加。

这次突发事件给我们敲响了警钟,太空中的航天器时时刻刻都受到别的卫星或者空间碎片的威胁,我国的航天器也不例外。我国有不少低轨卫星运行在这个高度,在一定程度上存在空间碎片碰撞风险,需要进行在轨空间碎片碰撞预警,确保我国卫星的安全运行。

3.3　作用机理与建模

航天器碰撞解体模型用于描述航天器碰撞解体所产生的碎片以及它们各自进入不同轨道时的速度变化。它是研究航天器碰撞解体及其影响的基础和关键,模型的质量和精度直接决定了对航天器碰撞解体问题的认识水平。一个航天器碰撞解体模型应该定义产生的每一颗碎片的尺寸(或质量)、面质比和分离速度。因为对于所有碎片,这些参数是不一样的。尺寸(或质量)用于确定因撞击产生碎片的几何(或物理)特征,面质比和分离速度则用于计算碎片的轨道运动特性。

3.3.1　Battelle 模型

1995 年,欧洲空间局发布了其空间碎片环境模型 MASTER95,这是一个三维的轨道环境模型,覆盖了从 LEO 到地球静止轨道(geostationary earth orbit,GEO)的区域。MASTER 中的解体子模型为 Battelle 模型。Battelle 模型得名于在 Battelle 进行的一系列地面模拟试验。这些研究主要受到欧洲空间操作中心

(European Space Operations Centre,ESOC)的资助,完成于 20 世纪 90 年代,基本上是在一些新的试验数据基础上对早期方法的继承与综合。

1. 质量分布

Battelle 模型质量分布表达式为

$$N(m)=A\left(\frac{m}{m_e}\right)^{-B} \tag{3-1}$$

式中,A 是比例系数;B 是幂系数;m 是分布质量(kg);m_e 是喷出部分的质量,即

$$m_e=cm_p v^2=2cE_p\leqslant m_t+m_p \tag{3-2}$$

式中,$c=1$ 是修正因子(s^2/km^2);v 是撞击速率(km/s);E_p 是射弹相对运动能量($kg\cdot km^2/s^2$);m_p、m_t 分别是射弹和目标的质量(kg)。若 $m_e>m_t+m_p$,则取 $m_e=m_t+m_p$。

在 Battelle 模型中幂系数 B 被定义为一个与撞击影响程度有关的变量,即

$$B=0.6+0.15P(1-\hat{E}_p^*/\hat{E}_p) \tag{3-3}$$

式中,$P\in[0,1]$ 是喷出质量与相撞物体总质量的比例,即

$$P=\begin{cases}m_e/(m_t+m_p), & \hat{E}_p<\hat{E}_p^*\\ 1, & \hat{E}_p\geqslant\hat{E}_p^*\end{cases} \tag{3-4}$$

式中,$\hat{E}_p$ 是实际比能,描述了射弹撞击动能与目标质量的比例关系(J/g);$\hat{E}_p^*$ 是临界比能(J/g)。

$$\hat{E}_p^*=40 \tag{3-5}$$

若 $\hat{E}_p\geqslant\hat{E}_p^*$,则发生灾难性撞击,目标与射弹均完全解体;否则,发生非灾难性撞击,目标只有部分解体。这种基于能量的表示方式在以后的模型中更为常用。$B\in[0.588,0.75]$。

另一个参数——比例系数 A 则根据质量守恒推导得出。采用的推导方法如下:

由式(3-1)求逆得到第 N 颗碎片(按质量从大到小排序)的质量为

$$m(N)=A^{\frac{1}{B}}m_{tot}N^{-\frac{1}{B}} \tag{3-6}$$

于是,第 1 颗最大碎片的质量为

$$m_1=m(1)=A^{\frac{1}{B}}m_{tot} \tag{3-7}$$

又

$$m_{tot}=\int_{m_1}^0\frac{\partial N}{\partial m}m\,dm=-\frac{AB}{m_{tot}^{-B}}\int_{m_1}^0 m^{-B}\,dm=-\frac{AB}{m_{tot}^{-B}(1-B)}m^{1-B}\Big|_{m_1}^0$$

$$=\frac{AB}{m_{tot}^{-B}(1-B)}m_1^{1-B}=\frac{B}{1-B}A^{\frac{1}{B}}m_{tot} \tag{3-8}$$

所以

$$A=\left(\frac{1-B}{B}\right)^{B} \tag{3-9}$$

目标完全解体时,未喷出部分$(m_t+m_p-m_e)$的解体使用式(3-10)给出的低强度爆炸的质量分布公式:

$$N(m)=\begin{cases} 0.1707m_r\mathrm{e}^{-0.6510\sqrt{mf_m}}, & m\geqslant 1.936/f_m \\ 0.8692m_r\mathrm{e}^{-1.8215\sqrt{mf_m}}, & m<1.936/f_m \end{cases} \tag{3-10}$$

式中,$f_m=m_r/m_{tot}$是一个质量比例参数,$m_r=1000\mathrm{kg}$是参考质量,m_{tot}是爆炸的总质量(kg),在这里$m_{tot}=m_t+m_p-m_e$。这时,总的解体碎片的质量分布是由式(3-1)和式(3-10)两部分组成的。

2. 形状与密度

Battelle模型将碎片等效为一个球,其密度定义为

$$\rho=\begin{cases} \rho_{\max}, & d\leqslant d^0 \\ \rho^* \hat{d}^{2p-3}, & d>d^0 \end{cases} \tag{3-11}$$

式中,$\hat{d}=d/d^*$是无量纲量,$d^*=1\mathrm{cm}$表示参考直径;d^0是切换直径;$\rho^*=\rho(d^*)=2700\mathrm{kg/m^3}$是参考密度,密度上限$\rho_{\max}$被修改为$4700\mathrm{kg/m^3}$(考虑航天材料中钛的影响),$p=1.13$则是一个新定义的幂律系数。为了保证密度的连续,定义

$$d^0=d^*\left(\frac{\rho_{\max}}{\rho^*}\right)^{\frac{1}{2p-3}}=0.47281d^*=0.47281\mathrm{cm} \tag{3-12}$$

结合式(3-11),推导给出了一个碎片质量与直径之间的关系式:

$$\hat{d}=\begin{cases} \sqrt[3]{\dfrac{\rho^*}{\rho_{\max}}\hat{m}}, & \hat{m}\leqslant\hat{m}^0 \\ \hat{m}^{\frac{1}{2p}}, & \hat{m}>\hat{m}^0 \end{cases} \tag{3-13}$$

式中,$\hat{m}=m/m^*$是无量纲量,参考质量$m^*=\rho^* f_V d^{*3}=1.41372\times 10^{-3}\mathrm{kg}$;切换质量$m^0=\rho_{\max}f_V d^{03}=2.60104\times 10^{-4}\mathrm{kg}$;标准切换质量$\hat{m}^0=m^0/m^*=0.18399$。

3. 速度分布

Battelle模型碎片分离速率分布形式为

$$\lg\Delta\hat{v}=\begin{cases} b_0+b_2\lg^2\hat{d}, & d\geqslant d_{\max} \\ b_0, & d<d_{\max} \end{cases} \tag{3-14}$$

式中,b_0、b_2是系数项;$\Delta\hat{v}=\Delta v/v$和$\hat{d}=d/d_{\max}$是无量纲量;Δv表示碎片的平均分离速率(m/s);v是撞击速率(m/s);d是碎片直径(μm);$d_{\max}$是切换直径(μm),表示碎片的平均分离速率最大时对应的直径。Battelle模型将射弹的质量假定为

15kg，重新对 P-78 卫星撞击试验的数据进行分析，给出了相关系数：

$$b_0 = -0.125, \quad b_2 = -0.0676, \quad d_{max} = 1.1342\mu m$$

同时，Ojakangas 等给出的由三角分布函数表示给定尺寸的碎片分离速率分布的方法和结果仍然被采用。分离速率的方向被假设为全向均匀分布。

MASTER 模型自发布之后，经历过多次改进升级，先后有 MASTER97、MASTER99、MASTER2001 和 MASTER2005 等版本。值得注意的是，从 MAS-TER2001 开始，欧洲空间局就弃用了 Battelle 解体模型，转而全面引入 NASA 标准解体模型作为其解体子模型。至此，NASA 标准解体模型就成为美国和欧洲的通用解体模型。

3.3.2　NASA 模型

20 世纪 90 年代末，NASA 的 Reynolds 等通过研究在轨撞击试验与地面撞击试验的结果，拟合建立了"NASA 标准解体模型"。它是一个以碎片特征尺寸为独立变量的经验模型，与以前的解体模型有很大的不同，被 NASA 应用于 EVOLVE 4.0、LEGEND 等空间碎片环境模型。2004 年，Oswald 等对标准解体模型进行了局部修改，并将它应用于欧洲空间局的 MASTER2005 空间碎片环境模型。这里论述的是经 Oswald 等修改后的 NASA 标准碰撞解体模型，简称 NASA 模型。

1. 尺寸分布

撞击产生的大于或等于给定尺寸的碎片数量表示为

$$N(L_c) = 0.1 m_{tot}^{0.75} L_c^{-1.71} \tag{3-15}$$

式中，$L_c = (x+y+z)/3$ 表示碎片的特征尺寸(m)，x 是碎片的最大长度，y 是与 x 垂直的最大长度，z 是与 x-y 平面垂直的最大长度，如图 3-9 所示；解体质量为

$$m_{tot} = \begin{cases} m_t + m_p, & \hat{E}_p \geqslant \hat{E}_p^* \\ m_p v^2, & \hat{E}_p < \hat{E}_p^* \end{cases} \tag{3-16}$$

其中，m_p、m_t 分别是射弹和目标的质量(kg)；v 是撞击速率(km/s)；$\hat{E}_p$ 是实际比能；临界比能 $\hat{E}_p^* = 40 J/g$。

在灾难性撞击情况下，NASA 模型不再使用 Battelle 模型中假定的低强度爆炸质量分布的指数函数，而是认为所有的目标质量都服从撞击喷出解体的幂函数规律。

2. 面质比分布

NASA 模型不再把碎片的形状假设为球形，而是通过对大量编目的空间碎片和地面试验测量数据的统计分析，建立了两类物体(有效载荷和火箭箭体)的面质比分布模型。

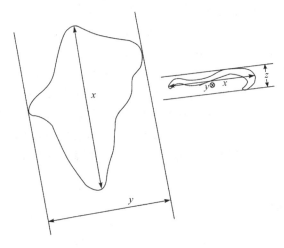

图 3-9　碎片的特征尺寸示意图

通过分析大量的编目空间碎片的衰减速率,NASA 模型给出了 $L_c \geq 11\mathrm{cm}$ 的碎片的面质比分布(概率密度)函数,表示为两个正态分布的形式:

$$D_{A/M}(\lambda_c,\chi) = \alpha(\lambda_c)N(\mu_1(\lambda_c),\sigma_1(\lambda_c),\chi) + (1-\alpha(\lambda_c))N(\mu_2(\lambda_c),\sigma_2(\lambda_c),\chi)$$

$$(3\text{-}17)$$

式中,$\lambda_c = \lg L_c$ 表示特征尺寸的对数(m);$\chi = \lg(A/M)$ 是分布方程中的变量,表示面质比 A/M 的对数($\mathrm{m^2/kg}$);$N(\mu,\sigma,\chi) = [1/(\sigma\sqrt{2\pi})]\mathrm{e}^{-(\chi-\mu)^2/(2\sigma^2)}$ 是正态分布方程,μ 是均值,σ 是标准偏差;$\alpha(\lambda_c) \in [0,1]$ 是与 λ_c 有关的权重系数。

对于有效载荷,相关系数如下:

$$\alpha = \begin{cases} 0, & \lambda_c \leq -1.95 \\ 0.3+0.4(\lambda_c+1.2), & -1.95 < \lambda_c < 0.55 \\ 1, & \lambda_c \geq 0.55 \end{cases}$$

$$\mu_1 = \begin{cases} -0.6, & \lambda_c \leq -1.1 \\ -0.6-0.318(\lambda_c+1.1), & -1.1 < \lambda_c < 0 \\ -0.95, & \lambda_c \geq 0 \end{cases}$$

$$\sigma_1 = \begin{cases} 0.1, & \lambda_c \leq -1.3 \\ 0.1+0.2(\lambda_c+1.3), & -1.3 < \lambda_c < -0.3 \\ 0.3, & \lambda_c \geq -0.3 \end{cases}$$

$$\mu_2 = \begin{cases} -1.2, & \lambda_c \leq -0.7 \\ -1.2-1.333(\lambda_c+0.7), & -0.7 < \lambda_c < -0.1 \\ -2.0, & \lambda_c \geq -0.1 \end{cases}$$

$$\sigma_2 = \begin{cases} 0.5, & \lambda_c \leqslant -0.5 \\ 0.5 - (\lambda_c + 0.5), & -0.5 < \lambda_c < -0.3 \\ 0.3, & \lambda_c \geqslant -0.3 \end{cases}$$

对于火箭箭体,相关系数如下:

$$\alpha = \begin{cases} 1, & \lambda_c \leqslant -1.4 \\ 1 - 0.3571(\lambda_c + 1.4), & -1.4 < \lambda_c < 0 \\ 0.5, & \lambda_c \geqslant 0 \end{cases}$$

$$\mu_1 = \begin{cases} -0.45, & \lambda_c \leqslant -0.5 \\ -0.45 - 0.9(\lambda_c + 0.5), & -0.5 < \lambda_c < 0 \\ -0.9, & \lambda_c \geqslant 0 \end{cases}$$

$$\sigma_1 = 0.55, \quad \mu_2 = -0.9$$

$$\sigma_2 = \begin{cases} 0.28, & \lambda_c \leqslant -1 \\ 0.28 - 0.1636(\lambda_c + 1), & -1 < \lambda_c < 0.1 \\ 0.1, & \lambda_c \geqslant 0.1 \end{cases}$$

通过分析地面撞击试验的数据,NASA 模型给出了由有效载荷产生的 $L_c \leqslant$ 8cm 的碎片和由火箭箭体产生的 $L_c \leqslant 1.7$cm 的碎片的面质比分布(概率密度)函数,表达式如下:

$$D_{A/M}(\lambda_c, \chi) = N(\mu(\lambda_c), \sigma(\lambda_c), \chi) \tag{3-18}$$

二者使用相同的系数

$$\mu = \begin{cases} -3.25 - \lambda_c, & \lambda_c \leqslant -2.95 \\ -0.3, & -2.95 < \lambda_c \leqslant -1.75 \\ -0.3 - 1.4(\lambda_c + 1.75), & -1.75 < \lambda_c < -1.25 \\ -1.0, & \lambda_c \geqslant -1.25 \end{cases}$$

$$\sigma = \begin{cases} 0.2, & \lambda_c \leqslant -3.5 \\ 0.2 + 0.1333(\lambda_c + 3.5), & \lambda_c > -3.5 \end{cases}$$

对于大尺寸和小尺寸之间的碎片,通过生成一个随机数 $r \in [0,1]$ 与下面桥函数(bridge function)给出的值比较确定使用哪一种分布:

$$r^0 = \begin{cases} 10(\lambda_c + 1.05), & \text{用于有效载荷} \\ 10(\lambda_c + 1.76), & \text{用于火箭箭体} \end{cases} \tag{3-19}$$

如果 $r > r^0$,则面质比分布使用大尺寸碎片的分布公式(3-17);如果 $r \leqslant r^0$,则使用小尺寸碎片的分布公式(3-18)。因此,除了面质比的平均值和标准差依赖于碎片大小,它们之间不再有严格的对应关系。

假定碎片平均横截面面积与特征尺寸之间存在一一对应的关系:如果特征尺寸小于 1.67mm,则假设其形状为正方体;否则,假设其形状为正方板,厚度与以毫米表示的方形边长的 0.26 次幂成比例。对于凸形物体,平均横截面面积等于全部表面积的 1/4。因此,碎片的平均横截面面积由式(3-20)求得:

$$A_x = \frac{1}{2}(L_c^2 + 2L_c z) \tag{3-20}$$

通过采用这种方法对大量碎片进行分析,NASA 模型给出了碎片平均横截面面积与特征尺寸之间的函数关系:

$$A_x = \begin{cases} 0.540424 L_c^2, & L_c < 0.00167\text{m} \\ 0.556945 L_c^{2.0047077}, & L_c \geqslant 0.00167\text{m} \end{cases} \tag{3-21}$$

碎片的质量由式(3-22)求得:

$$m = \frac{A_x}{A/M} \tag{3-22}$$

3. 速度分布

NASA 模型给出了一种全新的分离速率分布函数,它以面质比为变量,包括爆炸和撞击两种类型的解体。撞击产生的碎片分离速率的分布函数表示为

$$D_{\Delta v}(\chi,\delta) = N(\mu(\chi),\sigma(\chi),\delta) \tag{3-23}$$

式中,$\delta = \lg(\Delta v)$ 表示分离速率的对数(m/s),是分布方程的变量;正态分布函数的均值 $\mu = \begin{cases} 0.9\chi + 2.9, & \chi \leqslant -0.1 \\ 0.2\chi + 2.83, & \chi > -0.1 \end{cases}$,标准偏差 $\sigma = 0.4$。

分离速率方向仍然假设为全向均匀分布。但是与 Battelle 模型不同的是,在灾难性撞击情况下,它不再使用低强度爆炸的假设,所以撞击后只产生一个碎片云,即喷出碎片云。碎片云的质心速度仍然由动量守恒求得:

$$v_{cm} = \frac{m_t v_t + m_p v_p}{m_t + m_p} \tag{3-24}$$

3.3.3　CARDC-SBM 模型

中国空气动力研究与发展中心(CARDC)在"十一五"空间碎片专项支持下,系统地开展了超高速撞击下卫星解体碎片特性的研究及建模,发展了 CARDC-SBM 卫星碰撞解体模型[82]。

1. 解体阈值

卫星解体阈值在解体模型中是一个非常重要的参数。针对一个具体的卫星空间撞击事件,首先需要判断撞击发生的强度,对卫星是否发生灾难性解体有一个定量的判断,然后才能引用适当的解体数学模型,对撞击事件产生碎片的特征、留轨

特性等进行较准确的分析。

NASA 标准解体模型中,采用功能质量比(EMR,撞击动能与目标航天器的质量之比)作为解体阈值判断参数,认为当 EMR>40J/g 时,撞击将导致灾难性解体,相撞的两个物体将完全碎裂。该解体阈值判断准则没有考虑撞击损伤过程的尺度效应,也没有给出卫星损伤程度的描述。

为此,CARDC-SBM 提出了如下形式的解体阈值模型[83]:

$$\mu_c = \begin{cases} 0, & 0 \leqslant e_m < e_{min} \\ f(e_m, \eta), & e_m \geqslant e_{min} \end{cases} \quad (0 \leqslant \eta \leqslant 1) \tag{3-25}$$

式中,e_m 为射弹动能 E_p 与卫星在撞击通道内的质量 m_c 之比(即能量密度);η 为 m_c 与卫星总质量 m_t 之比;e_{min} 为使卫星开始发生解体的最小能量密度。

μ_c 称为卫星解体程度或隶属度,定义为卫星完全解体部分的质量与卫星总质量之比。显然,μ_c 越接近于 0,说明卫星的损伤或解体程度越低,μ_c 越接近于 1,说明卫星的损伤或解体程度越高。

通过开展卫星解体的数值仿真和数据拟合来确定上述模型的系数

$$\mu_c = \begin{cases} 0, & 0 \leqslant e_m < 362 \\ \min\left\{0.4176 \dfrac{\eta^{0.474}}{1-\eta^{0.474}} \lg \dfrac{e_m}{362}, 1\right\}, & e_m \geqslant 362 \end{cases} \quad (0 \leqslant \eta \leqslant 1) \tag{3-26}$$

2. 尺寸分布

在试验结果基础上,CARDC-SBM 模型的碎片尺寸分布为

$$N(L_c) = c_0\left(\frac{L_t}{\rho_t}\right)^{c_1}(m_p + \mu_c m_t)^{c_2 \lg \frac{e_m}{0.3623}} L_c^{-1.47 - \lg \frac{v}{5.4}} \tag{3-27}$$

式中,L_t 为卫星尺寸;ρ_t 为卫星体密度;v 为撞击速度;c_0、c_1 和 c_2 为常数。该式右边第一项反映卫星尺寸和体密度的影响,在相同外形尺寸下,星体密度越大表明其内部结构和部件越复杂,对二次碎片有更强的阻挡能力,产生的碎片数量越少;第二项中 $m_p + \mu_c m_t$ 反映解体碎片的来源,包含弹丸质量和式(3-26)确定的"完全粉碎"的卫星质量,幂指数 $c_2 \lg(e_m/0.3623)$ 表示撞击能量密度越大,参与解体的质量粉碎程度越高,产生的碎片数量也越多;第三项中的幂指数表明撞击速度越高,碎片数量增长越快,这是建模过程中的一种假设。

3. 面质比分布

根据试验得到的碎片面质比特性,采用 3 个正态分布函数的线性组合构建碎片面质比分布模型为

$$P(\chi) = \alpha_1 N(\sigma_1, \mu_1, \chi) + \alpha_2 N(\sigma_2, \mu_2, \chi) + \alpha_3 N(\sigma_3, \mu_3, \chi) \tag{3-28}$$

式中,χ 为碎片面质比的对数,$\chi = \lg(A/M)$;$N(\sigma, \mu, \chi)$ 为标准正态分布函数。3 个

正态函数项分别代表卫星中主要的 3 种材料。

CARDC-SBM 解体模型与 NASA 标准解体模型相比,共同点在于,两个模型均以碎片特征尺寸作为独立变量;模型所反映的碎片分布基本规律相似,如尺寸分布模型反映碎片数量与尺寸的对数线性关系,面质比分布模型反映碎片面质比的正态分布特性。

两个模型的区别在于,NASA 模型仅通过撞击能量来定性判断卫星是否解体,CARDC-SBM 模型则能定量给出卫星"完全粉碎"的质量;NASA 模型所生成的碎片数量仅与卫星质量有关,CARDC-SBM 模型还考虑了卫星尺寸、结构、撞击速度等因素。此外,NASA 模型包含了碎片速度增量分布,CARDC-SBM 模型目前还不具备此功能。

3.4　典型应用

3.4.1　空间环境建模与分析

航天器碰撞解体作为空间碎片的主要来源之一,是空间碎片环境建模的重要内容。航天器碰撞解体模型一方面为空间碎片环境建模提供碎片源,另一方面为解体碎片演化提供初始轨道根数。

空间碎片环境建模就是在当前观测数据的基础上借助数学、物理方法来描述空间物体的分布、运动及其物理特征,并确定空间环境在未来时间、空间上的演化趋势(碎片数目、密度、通量在时空上的变化情况)[84]。这些模型可用于碎片的风险和损害评估、地基传感器碎片探测率的预测、在轨航天器规避轨道的确定、碎片减缓措施及有效性的长期分析等[85]。

空间碎片环境模型可分为短期工程模型和长期演化模型两类[86-88]。短期工程模型是一种半经验性模型,主要基于各类观测统计数据所建立,不考虑碎片来源、演化和消亡等因素的影响,其有效期一般不超过 10 年,需要利用新的观测数据经常性地修正与更新模型。目前,最常用的工程模型是美国 NASA 的 ORDEM(ORbital debris engineering model)系列模型,该模型是基于观测数据而建立起来的半经验性的短期工程模型,可为航天器结构设计和在轨运行提供较为精确的空间碎片环境参数,也适用于评估航天器受到的空间碎片碰撞风险。此系列模型不考虑碎片的产生机理,主要拟合观测结果,需要进行经常性的更新以获取准确的空间碎片流量。最新版的 ORDEM 3.0 已经发布,可用于描述 LEO 至 GEO 区域(海拔 100~40000km)的空间碎片环境[89]。

长期演化模型则属于半确定性模型,除各类探测数据外,还考虑了未来发射事件、泄漏事件及在轨解体事件等碎片增加的因素,以及大气阻力、日月摄动、太阳辐射压力和减缓措施等碎片减少的影响。相比于短期工程模型，长期演化模型更侧重从机理上对空间碎片环境进行描述，其有效期一般在 10～100 年，主要用于预测未来空间碎片环境的长期演化行为。美国 NASA 的演化模型是 LEGEND(LEO-to-GEO environment debris model)，其前身是 EVOLVE 系列模型。与 EVOVLE 只能描绘一维环境不同，LEGEND 可以描绘三维空间碎片环境，如图 3-10 所示，这三维即高度、纬度、经度，此模型可以提供碎片属性随时间、轨道高度、经度、纬度变化的情况，这些属性包括碎片的尺寸分布、空间密度分布、速度分布、空间通量等。

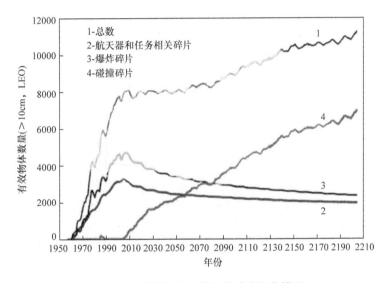

图 3-10　LEGEND 三维空间碎片演化模型

欧洲空间局建立的空间碎片环境模型主要是 MASTER(meteriod and space debris terrestrial environment reference)系列，是欧洲空间局根据空间碎片的密度和速度数据进行离散化而建立的半确定性模型，描述了微流星体和人造空间碎片环境，并且能够评估空间碎片对空间任务的威胁程度。MASTER 系列包括 MAS-TER97、MASTER99、MASTER2001、MASTER2005 和 MASTER2009。MAS-TER 模型属于正向建模范畴，分析空间碎片的产生机理，模拟生成不同来源的碎片的初始值，并把模拟生成的碎片初始数据通过演化模型推演至某参考时刻，得到完整的空间碎片和微流星体数据库。MASTER 系列模型能够计算 LEO 区域到 GEO 区域的微流星体和人造空间碎片环境的碰撞通量。最新版本为 MAS-TER2009[90]，发布于 2010 年，在保留 MASTER2005 建模思想的基础上，又有了许多改进。在碎片源模型中，添加了多层绝缘板(multi-layered insulation，MLI)子模型。对用户来说，MASTER2009 可以单独分析一次解体事件对空间碎片环境造成的影响。

在航天器碰撞解体模型集成方面,LEGEND(EVOLVE)模型采用的是 NASA 标准解体模型,MASTER 系列在 2005 版本之前使用的是 Battelle 模型,自 MAS-TER2005 起亦使用 NASA 模型。

3.4.2　空间碰撞事件分析

随着空间物体数量的大幅增加以及航天强国对制天权的竞争,偶然的、人为的空间碰撞事件已发生若干起。在空间碰撞事件发生后,空间监视系统往往需要一段时间才能对碰撞解体碎片进行跟踪编目,在短期内可借助碰撞解体模型对空间碰撞事件进行分析研究。针对美俄卫星碰撞和美军海基拦截卫星试验等典型空间碰撞事件,李怡勇等[91,92]利用 NASA 解体模型均在第一时间给出了研究报告。

1. 美国卫星拦截试验分析

美国东部时间 2008 年 2 月 20 日 22 时 26 分(北京时间 21 日 11 时 26 分),美国海军从其位于夏威夷以西太平洋海域的"伊利湖"号巡洋舰上发射了一枚 SM(标准)-3 型导弹,3min 后成功击中了一颗属于美国国家侦察局的失控侦察卫星 USA-193,该卫星正处于坠入大气层前的近圆轨道上。这次任务的战略意图、实施动机、毁伤效果和环境影响等引起国际社会的广泛关注和担忧。本节基于 NASA 的经验模型和一些基本假设对这次任务的毁伤情况进行分析,给出相关问题的研究结果。

根据公开的资料,卫星 USA-193 的质量为 2270kg,拦截卫星的"标准-3"导弹质量为 30kg,撞击速度为 9.8333km/s。求得撞击产生碎片的尺寸分布如表 3-5 所示。可见,随着尺寸的减小,碎片的数量急剧增加。

表 3-5　碎片尺寸分布的计算结果

碎片尺寸/m	碎片数量/个	累计碎片数量/个
≥1	33	33
0.5~1	76	109
0.1~0.5	1594	1703
0.05~0.1	3870	5573
0.01~0.05	81784	87357

根据碎片的面质比模型,图 3-11 给出了尺寸为 0.001m、0.01m、0.1m、1.0m 时碎片的面质比分布曲线。从图中可见,不同尺寸的碎片面质比分布有所不同,0.001m 的小碎片面质比主要集中在 $0.6\mathrm{m}^2/\mathrm{kg}$ 附近,而 1.0m 的大碎片面质比要小一些,主要集中在 $0.1\mathrm{m}^2/\mathrm{kg}$ 附近。

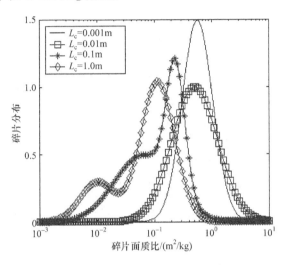

图 3-11　不同尺寸碎片面质比分布图

将碎片的面质比从 $10^{-3} \sim 10^1\,\mathrm{m}^2/\mathrm{kg}$ 划分为 8 个区间(该范围基本上包括了所有碎片的面质比)。根据航天器碰撞解体面质比分布模型,计算不同尺寸下各种面质比的碎片占该尺寸范围内碎片总数的比例,结果见表 3-6。可见,碎片的面质比主要集中在 $0.1 \sim 1.0\,\mathrm{m}^2/\mathrm{kg}$ 范围内。

表 3-6　不同尺寸碎片面质比分布的计算结果　　　　　（单位:%）

面质比/(m²/kg) ＼ 碎片尺寸/m	0.01~0.05	0.05~0.1	0.1~0.5	0.5~1.0	≥1.0
$10^{-3} \sim 10^{-2.5}$	0	0.0196	0.0476	0.0331	0.0051
$10^{-2.5} \sim 10^{-2}$	0.0011	0.5426	0.9260	3.1103	0.3313
$10^{-2} \sim 10^{-1.5}$	0.0996	5.8233	6.6271	18.2112	1.4704
$10^{-1.5} \sim 10^{-1}$	2.6657	24.1858	17.6508	13.1436	12.4525
$10^{-1} \sim 10^{-0.5}$	20.3571	38.8770	41.4284	45.4867	64.1814
$10^{-0.5} \sim 10^{0}$	44.3712	24.1858	32.2453	19.4932	21.1264
$10^{0} \sim 10^{0.5}$	27.6039	5.8233	1.0368	0.5211	0.4324
$10^{0.5} \sim 10^{1}$	4.9014	0.5426	0.0381	0.0009	0.0006
总计	100	100	100	100	100

　　根据碎片的速度模型,图 3-12 给出了面质比分别为 $0.001\mathrm{m^2/kg}$、$0.01\mathrm{m^2/kg}$、$0.1\mathrm{m^2/kg}$ 和 $1.0\mathrm{m^2/kg}$ 的碎片分离速度分布曲线。从图中可见,不同面质比的碎片分离速度分布不同,$0.01\mathrm{m^2/kg}$ 碎片的分离速度主要集中在 10m/s 附近,而 $0.1\mathrm{m^2/kg}$ 碎片的分离速度主要集中在 100m/s 附近。

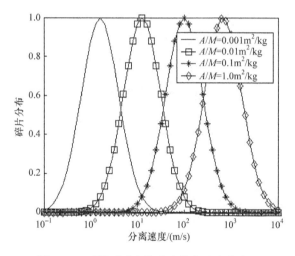

图 3-12　不同面质比的碎片分离速度分布图

　　将碎片的分离速度从 $0\sim10^4\,\mathrm{m/s}$ 划分为 10 个区间(该范围基本上包括了所有碎片的分离速度)。根据航天器碰撞解体分离速度分布模型,计算不同面质比下各种分离速度的碎片占该面质比范围内碎片总数的比例,结果见表 3-7。可见,随面质比的增大,碎片的分离速度也呈增大的趋势。当面质比为 $0.1\sim1.0\mathrm{m^2/kg}$ 时,分离速度主要集中在 $10^2\sim10^3\,\mathrm{m/s}$ 范围内。

表 3-7　不同面质比下碎片分离速度分布的计算结果　　　　(单位:%)

分离速度/(m/s) ＼ 面质比/(m²/kg)	$10^{-3}\sim$ $10^{-2.5}$	$10^{-2.5}\sim$ 10^{-2}	$10^{-2}\sim$ $10^{-1.5}$	$10^{-1.5}\sim$ 10^{-1}	$10^{-1}\sim$ $10^{-0.5}$	$10^{-0.5}\sim$ 10^{0}	$10^{0}\sim$ $10^{0.5}$	$10^{0.5}\sim$ 10^{1}
$<10^{-0.5}$	0.5540	0.0101	0.0001	0	0	0	0	0
$10^{-0.5}\sim10^{0}$	10.7854	0.7998	0.0167	0.0001	0	0	0	0
$10^{0}\sim10^{0.5}$	44.0110	13.3173	1.1367	0.0274	0.0002	0	0	0
$10^{0.5}\sim10^{1}$	37.6446	46.4820	16.1897	1.5905	0.0441	0.0003	0	0
$10^{1}\sim10^{1.5}$	6.7493	34.0070	48.3334	19.3764	2.1910	0.0699	0.0014	0.0004
$10^{1.5}\sim10^{2}$	0.2536	5.2151	30.2463	49.4794	22.8310	2.9723	0.1996	0.0849
$10^{2}\sim10^{2.5}$	0.0020	0.1676	3.9674	26.4844	49.8676	26.4917	5.8333	3.3900

续表

分离速度/(m/s) ＼ 面质比/(m²/kg)	$10^{-3}\sim$ $10^{-2.5}$	$10^{-2.5}\sim$ 10^{-2}	$10^{-2}\sim$ $10^{-1.5}$	$10^{-1.5}\sim$ 10^{-1}	$10^{-1}\sim$ $10^{-0.5}$	$10^{-0.5}\sim$ 10^{0}	$10^{0}\sim$ $10^{0.5}$	$10^{0.5}\sim$ 10^{1}
$10^{2.5}\sim10^{3}$	0	0.0011	0.1091	2.9715	22.8310	49.4930	35.7336	28.3838
$10^{3}\sim10^{3.5}$	0	0	0.0006	0.0699	2.1910	19.3818	45.8828	49.8150
$\geqslant10^{3.5}$	0	0	0	0.0003	0.0441	1.5910	12.3492	18.3259
总计	100	100	100	100	100	100	100	100

2. 美俄卫星撞击碎片分析

世界协调时(universal time coordinated, UTC)2009 年 2 月 10 日,即美国海基反卫事件(2008 年 2 月 21 日)一周年之际,美国卫星再次发生太空撞击,成为世人关注的焦点。与上次导弹拦截卫星不同,这是太空中首次发生完整的在轨卫星相撞事件。发生撞击的两颗卫星分别是美国铱星公司的 Iridium-33 号通信卫星和俄罗斯的 Cosmos-2251 号军用通信卫星。前者质量约 560kg,1997 年发射,正在使用;后者质量约 900kg,1993 年发射,1995 年已经停止工作。

根据国外报道以及对卫星轨道数据的计算结果可以确认,撞击时间为 2009 年 2 月 10 日 16:55:59(UTC);撞击地点为东经 97.845°、北纬 72.505°、高度 788.577km 的空域附近,即俄罗斯西伯利亚上空;相对撞击速度约 11.647km/s。

由于缺乏两颗卫星发生撞击时的详细信息,所以,根据撞后的初步探测结果对撞击场景做如下想定:Cosmos-2251 卫星与 Iridium-33 卫星的太阳能帆板发生撞击;撞击过程中有少量的动量传递(设为 1%);撞击后 Cosmos-2251 卫星被完全损毁,碎片云由很多大小不一的碎片组成,Iridium-33 卫星的一个太阳帆板被损毁,碎片云由 Iridium-33 卫星的残余部分和太阳帆板碎裂生成的小碎片组成,雷达能够监测到的碎片数量比较少。

基于 NASA 碰撞解体模型,设计开发了航天器碰撞解体分析评估软件(collision analysis and assessment software, CAAS),用于分析研究航天器碰撞解体问题。利用 CAAS 对想定情况下的撞击结果进行计算分析,主要得出以下结论。

撞击后,在两颗卫星附近各产生一个碎片云。

1) Cosmos-2251 碎片云

Cosmos-2251 碎片云包含尺寸大于 10cm 的碎片约 774 个(更小的碎片数目则会更多),撞击当天可能已有 100 个左右的碎片因轨道高度太低而坠毁,目前在轨碎片约有 680 个,这些碎片的衰减是相当缓慢的,5 年之内坠毁的碎片可能只有十几个。尺寸大于 10cm 的碎片留轨数量变化曲线如图 3-13 所示。

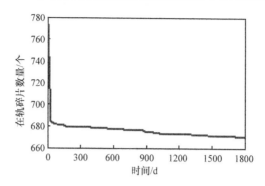

图 3-13 尺寸大于 10cm 的碎片留轨数量的变化曲线

撞击后瞬间,Cosmos-2251 碎片云初始轨道参数分布如图 3-14 所示。轨道高度位于 500 ~ 900km 的碎片约有 600 个,占该碎片云中碎片总数的 80%。

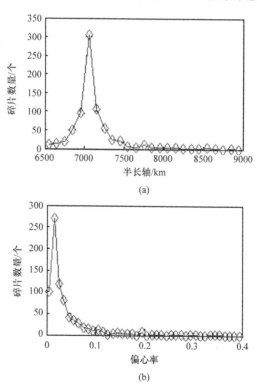

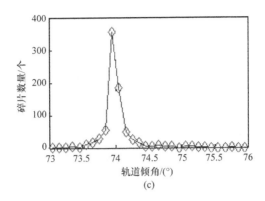

图 3-14　Cosmos-2251 碎片云初始轨道参数分布

2）Iridium-33 碎片云

撞击后,Iridium-33 卫星太阳帆板受损,卫星主体依然存在,碎片云中包含 10cm 以上尺寸的碎片数量比较少。相比 Cosmos-2251 碎片云,Iridium-33 碎片云对空间威胁要小。

美俄卫星撞击事件是有史以来首次两颗完整卫星相撞。通过公开数据对这次事件开展定量分析,有助于认识事件的本质。由于卫星碰撞解体事件本身的复杂性,本节基于初步探测与解体模型对这次事件的结果和影响进行了分析,以供参考;更进一步的分析有赖于对生成碎片的实际探测,有了比较完整翔实的碎片探测数据之后,就可以准确计算每一颗卫星是否会与碎片相撞,从而确定相应的规避措施。

第4章 宇宙天体超高速碰撞

宇宙天体碰撞是自然界最壮观的普遍现象之一,不仅关系到人类起源,而且可能是决定人类未来的神秘力量,成为人类共同面临的重大安全问题之一。科学家近年宣称,造成地球毁灭有两个不可改变的因素[93]:一个是银河系和仙女座星系将发生碰撞;另一个是太阳的自行毁灭。除了这两个确定无疑的地球末日因素之外,还有其他一些概率性的宇宙灾难性事件,包括:一种行星杀手类型的小行星可能与地球发生碰撞;混沌理论认为地球轨道可能在未来几十亿年里变得不稳定,导致地球和火星可能发生碰撞;一颗旁路恒星或者流浪黑洞也可能将与太阳发生碰撞;等等。本章对这类宇宙天体的碰撞问题进行探讨。

4.1 月球表面撞击坑

在宇宙天体中,行星和卫星的固体表面上留下的陨石坑是超高速碰撞最明显的痕迹。长期以来,大量的研究工作集中在月球表面的撞击坑。布满月球表面的大大小小、密密麻麻的撞击坑,是环形山、辐射纹及与撞击坑有关的隆起的圆形凹坑构造。因月球表面几乎没有大气层保护,且无风、水的侵蚀和月质活动微弱,所以得以较完整的保存[94],而成为研究星球固体表面撞击坑的一把钥匙。同时,月球表面撞击坑的形成过程、形态特征及空间分布等从不同的方面为人们提供了研究月球演化历史的线索和方法[95]。因此,随着空间探测技术的不断发展,利用载人和不载人航天器对月球进行探索成为世界各国的研究热点。

4.1.1 撞击坑的分类

为了对撞击坑的分类进行系统性研究,前人对撞击坑的不同类型进行了归并,如表4-1所示。中国科学院地理科学与资源研究所王娇等在前人研究基础上,以嫦娥一号卫星获取的遥感影像和数字高程模型(DEM),以及国际天文学联合会(IAU)公布的撞击坑名录为基础数据源,以全月球表面撞击坑为研究对象,采用遥感图像处理与专家知识融合的目视解译法确定撞击坑的边界,识别出全月球表面直径大于500m的撞击坑共计106030个。在提取撞击坑边界的基础上,首先将撞击坑的直径以5km为等间隔划分,进行统计,然后在各个直径范围内分析坑缘的破坏情况(参考圆度指标)、是否有阶梯状坑壁、是否有中央峰以及后续叠加的撞击坑的数量,根据这四个指标出现的直径临界值对等间隔的直径范围进行归并、分裂等调整,最终得到微状酒窝型、小规模碗型、中等凹坑平原型、大环状平原型、特大复杂型、月海残留型六种类型撞击坑的直径阈值及形态特征(表 4-2)[96]。

表 4-1　撞击坑分类

分类者	撞击坑类型
Baldwin	影子型、废墟型、边界破损、边界模糊、边界清晰
LPL 分类	第六类、第五类、第四类、第三类、第二类、第一类
中野繁	周壁平原、山环、环状平原、凹坑平原、凹坑、小凹坑、浅坑、潜坑
小森长生	克拉维型、哥白尼型、阿基米德型、碗型、酒窝型
Wood	TYC 型、TRI 型、SOS 型、BIO 型、ALC 型
Heiken	撞击盆地(亚 3 类)、复杂撞击坑(亚 5 类)、简单撞击坑
St ffler	撞击盆地、复杂撞击坑、简单撞击坑
何姝珺	月海残留型、复杂型、同心环型、中央隆起型、平底型、碗型、简单型
王娇	月海残留型、特大复杂型、大环状平原型、中等凹坑平原型、小规模碗型、微状酒窝型

表 4-2　撞击坑分类及特征对比

撞击坑类型	影像特征	特征描述	撞击坑类型	影像特征	特征描述
月海残留型		科迪勒尔(Montes Cordillera),直径 963.5km,位置 17.5°S、81.6°W,形成年代久远,边界几乎辨认不清,坑底平坦且部分被熔岩填充,坑壁、坑底有二次撞击坑散布	特大复杂型		薛定谔(Schrödinger),直径 312km,位置 75.0°S、132.4°E,典型的多峰环撞击坑,坑底平坦且保存有熔岩流动的痕迹,坑壁、坑底有二次撞击坑散布
大环状平原型		黑尔(Hale),直径 83km,位置 74.2°S、90.8°E,有多层梯壁,坑口边界呈圆角不规则形,有广阔平坦的坑底,有中央峰	中等凹坑平原型		阿尔弗拉德纳斯(Al fraganus),直径 20km,位置 5.4°S、19.0°E,坑口接近圆形,坑浅,坑壁窄,内侧斜坡较陡且光滑,坑底平坦、面积较大,坑壁和坑底的分界线明显

续表

撞击坑类型	影像特征	特征描述	撞击坑类型	影像特征	特征描述
小规模碗型		卡萨图斯(Casatus C)，直径17km，位置72.2°S、30.2°W，坑口光滑，无坑壁，较光滑且新鲜，上抬呈碗形，坑壁与坑底之间没有明确的分界，连成一体	微状酒窝型		散布于月海区，像柔软的沙面上用指头压出的形状

王娇等也对全月球撞击坑分类进行统计分析，得出了不同类型撞击坑在月球表面的数量与密度特征及空间分布情况。经计算，撞击坑的分布面积占月球表面积(约3800万km²)的40%，而全月球撞击坑的累积坑口面积是月球表面积的3.32倍。结合表4-3的统计结果可以发现：①撞击坑数量随直径的增大而显著减少，即撞击坑数量与直径呈较强的反相关关系，表明月球表面小型撞击事件的发生概率远大于大型撞击事件的发生概率；②小规模碗型撞击坑是最主要的撞击坑类型，数量最多，占72.66%，密集分布在月球的东南位置，空间密度达20.28/万km²；③月海残留型撞击坑仅占0.06%，是最少的撞击坑类型，主要分布在接近月球南极的西南位置；④月海残留型、特大复杂型、大环状平原型撞击坑所占的比例均小于5%，相比月球表面的其他空间位置，这三类撞击坑更多分布在月球的南北两极。

表4-3　全月球撞击坑分类统计表

撞击坑类型	直径范围/km	数量/个	百分比/%	空间密度/万 km²	总密度/万 km²
月海残留型	>604	62	0.06	0.02	
特大复杂型	113~604	1009	0.95	0.27	
大环状平原型	34~113	4989	4.71	1.31	27.91
中等凹坑平原型	18~34	8663	8.17	2.28	
小规模碗型	2~18	77046	72.66	20.28	
微状酒窝型	0.5~2	14261	13.45	3.75	

4.1.2　撞击坑的模型

月球上撞击坑的深度、直径不仅与撞击体的大小、初速度、轨道、密度和结构有关，还与被撞击天体的重力场、被撞击处的岩性有关。国防科技大学的张玥从月球表面地形数据分析与仿真的角度,以普罗克鲁斯(Proclus)碗型撞击坑为典型形态,分析建立了月球表面撞击坑的数学模型与统计模型[97]。

1. 数学模型

撞击坑是指月球表面的环形凹坑构造,包括撞击坑环形山、辐射纹以及与撞击坑有关的隆起构造。图 4-1 给出了普罗克鲁斯撞击坑的剖面示意图,其主要由坑底和坑唇组成。经过简化处理的撞击坑模型如图 4-2 所示。

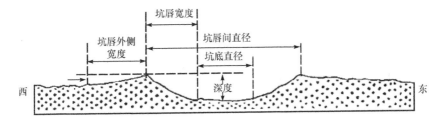

图 4-1　普罗克鲁斯撞击坑剖面示意图

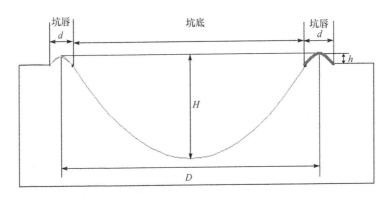

图 4-2　简化处理后的撞击坑

采用双抛物线拟合并绕 z 轴旋转来构造月球坑模型。坑唇间的坑底部分采用式(4-1)计算,坑唇部分采用式(4-2)计算:

$$z(x,y) = \frac{4(x^2+y^2)H}{D^2} - H \tag{4-1}$$

$$z(x,y) = h + a\left(\sqrt{x^2+y^2} - \frac{D+d}{2}\right)^2 \tag{4-2}$$

式中,z 为撞击坑模型上点的高程数据;x 为撞击坑模型上点的 x 值;y 为撞击坑模型上点的 y 值;D 为坑底直径;d 为坑唇宽度;H 为坑深;h 为坑唇高度;a 为抛物线系数。

根据撞击坑的年龄(新生的、比较年轻的、成熟的和年老的)不同,撞击坑的坑底高度、坑唇高度与坑底直径的比值都存在差异,越老的撞击坑,它的比值越小,坑越浅。因此,建立撞击坑模型时,还要考虑撞击坑年龄的不同所带来的形态差异。表 4-4 提供了不同年龄撞击坑坑底深度和坑唇高度与坑直径的比值关系。这样,只要确定坑底直径 D,就可以计算出坑深 H、坑唇高度 h 和坑唇宽度 d 的范围,代入式(4-1)和式(4-2)就可以确定撞击坑上任意一点的高程值。

表 4-4　各年龄撞击坑的理想形态

坑的类型	典型剖面	坑深与坑底直径的比值	坑唇高度与坑底直径的比值
新生		0.23~0.25	0.022~0.06
较年轻		0.17~0.19	0.016~0.045
成熟		0.11~0.13	0.008~0.03
年老		—	—

2. 统计模型

在建立了单个撞击坑模型后,就需要根据某特定区域撞击坑分布的规律,把撞击坑模型分别布置在月表地形限定区域的任意位置上,但是究竟各种年龄形态的撞击坑应该在这块地形上分布多少,分布到哪里,这些问题需要月球表面撞击坑统计模型来解答。经过研究发现,各年龄的撞击坑分布机会基本一致,决定撞击坑单位面积分布情况的主要因素是撞击坑直径。由此根据单位面积内直径与月坑累积数的关系来建立月球表面撞击坑统计模型。图 4-3 给出了撞击坑的累积分布情况[97]。

以平坦月海区域为例进行研究。根据文献[97]中的经验公式,在单位面积内大于某一直径的月坑累积数可以用下列公式表示:

$$N=\begin{cases}10^{-1}D^{-2}, & D\leqslant 40\text{m} \\ 10^{0.602}D^{-3}, & 40\text{m}<D\leqslant 100\text{m} \\ 10^{-2.038}D^{-1.68}, & 100\text{m}<D\leqslant 200\text{m} \\ 10D^{-3}, & D>200\text{m} \end{cases} \tag{4-3}$$

式中,D 为坑的直径;N 为累积的坑频率(坑数/m²)。

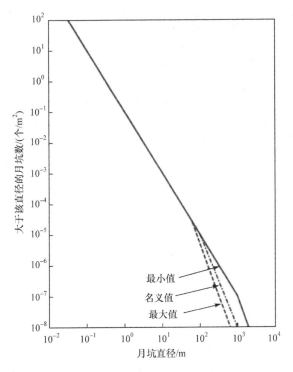

图 4-3　平坦月海/崎岖月海/高地的月坑累积分布

4.2　彗木大碰撞

1994 年 7 月 17 日至 22 日,"舒梅克-列维 9 号"彗星的 21 个碎块(图 4-4)以 60km/s 的速度连珠炮一般向木星撞去[98],成为经典的宇宙事件。

该彗星是由美国加州帕洛马天文台的尤金・舒梅克和卡洛琳・舒梅克夫妇以及天文爱好者戴维・列维于 1993 年 3 月发现的第九颗彗星,被国际天文联合会以其名字命名。天文学家根据观察计算发现,"舒梅克-列维 9 号"彗星至少自 1970 年起,就已经被木星俘获,围绕后者运转。1992 年 7 月 7 日,它从距离木星表面仅 4300km 的地方通过,被木星的引潮力毫不留情地撕扯成碎片,于是就形成了一列"太空列车"。观测到的碎块有 21 个,其中最大的直径约为 4km。据计算,它在碎裂前的直径约为 10km,密度不到 0.8g/cm³。

1993 年 11 月,天文学家确认这一列彗星残骸将在 1994 年 7 月 17 日至 22 日不可避免地撞向木星。虽然预报认为届时地球上不能直接看到碰撞过程,但消息传出后,依然举世震惊。这是人类有史以来第一次预言并将观测到彗星与大行星的碰撞事件。据估算,这样规模的天体撞击木星是"千年等一回"的罕见事件。

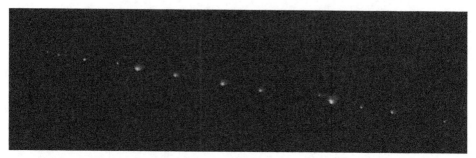

图 4-4　哈勃望远镜拍摄于 1994 年 7 月 17 日的"舒梅克-列维 9 号"彗星碎块图像

　　北京时间 1994 年 7 月 17 日 4 时 15 分,"舒梅克-列维 9 号"彗星的第一个碎块撞上了木星,这与天文学家的事先预报相差无几。在木星云层中,直径一千多千米的巨大火球腾空而起,发出堪比烈日的夺目光芒,并留下半个地球大小的黑斑。接下来几天中,其余的彗星碎块反复撞击木星表面。每次撞击都形成一个明亮的火球,并遗留下巨大的撞击斑。其中,第七个碎块留下的黑斑比地球还大,形成一只能容纳 4 个地球的巨大"黑眼",一时间成为堪比大红斑的醒目标志(图 4-5)。最大的三个碎块几乎撞击在木星的同一位置上。直到 7 月 22 日,最后一个碎块撞上木星。这场举世震惊的太空"烟火秀"仍然没有完全平息。撞击的斑痕持续好几个月才渐渐消泯,而碰撞产生的亚原子尘埃,不仅在木星北半球引起了极光,而且提升了整个木星的亮度。通过光谱分析,证实了木星及其大气层中含有硫、氨、硫化氢等分子,但没有找到预想中的水。

　　据测算,这次彗木相撞总计释放出 10 万亿~40 万亿 t TNT 炸药的能量(为广岛原子弹能量的 10 亿倍以上),巨大的能量和撞击的猛烈程度超出了人们的预料。碰撞后留下了 4 个直径几万千米的撞击斑,其直径是地球的好几倍。强烈的爆炸使木星大气层的大气环流和成分发生了变化。然而幸运的是,由于木星与地球的平均距离约 6.3 亿 km,彗木相撞所释放的巨大能量及木星大气与表层的环境巨变,对地球与近地空间环境几乎没有影响。

　　这次事件带给人类很大的震动和启示。如果类似的事件发生在地球上,哪怕仅仅是撞上荒漠地区或者汪洋大海,其后果仍不堪设想。它迫使科学家认真思考一个十分严肃的问题:这类事件是否会在某一天降临地球? 地球人又该采取何种有效的应对措施? 因此,彗木相撞之后,多次召开了关于如何监测和抵御小天体撞击地球问题的国际学术会议,进行了广泛的研究和讨论。

　　而且在 15 年后的 2009 年 7 月 19 日,地球上的天文爱好者再次观测到木星遭到了天外来客的撞击。一颗偏离轨道的彗星或小行星撞到了木星的南半球,在木星大气层高处爆炸,留下了一个跟地球大小差不多的煤黑色的撞击斑。澳大利亚的天文爱好者安东尼·韦斯利(Anthony Wesley)最早观察到这一现象(图 4-6),随后消息快速传开,其他天文爱好者和各主要天文台站纷纷开始采取行动[99]。

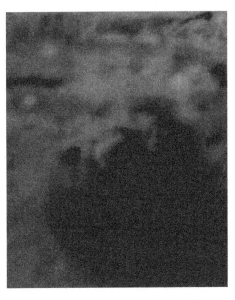

图 4-5　哈勃望远镜拍摄到的碎块 D 和 G 的撞击斑

图 4-6　安东尼·韦斯利的观测设备及其发现木星撞击斑的图像

4.3　撞击地球

遭到外来星体碰撞的不仅仅是月球和木星,我们生活的地球也同样遭受了多次的碰撞之灾。

4.3.1　数量众多的撞击坑

美国亚利桑那州的"魔鬼谷"是突出在平坦高原上的一个巨大的环形山,中间的深坑直径为1240m,坑底比周围的石壁低180m,石壁比外围地面高出45m。"魔鬼谷"是当地印第安人对它的称呼。经过仔细考察和分析得知,这是大约2万年前,由一个直径60多米、重10多万吨的陨铁以20km/s的速度撞击地球而形成的陨石坑。在21世纪的很长一段时间里,人们都把魔鬼谷这样的陨石坑当成一个火山口。一些保守的地质学家都像他们18世纪的前辈一样,拒绝承认有所谓的来自天际的石头。新的认识始于从陨石坑的底部发现了一些岩石的碎片上有一层晶体,这种晶体层只有在强烈撞击时产生的高温高压下才会出现。

在加拿大安大略省东南部的休伦湖北侧,还有一个更大的宽达100km的坑,因为年代久远,坑的轮廓已显得不是十分清楚了。这是2亿年前,一颗富含铁、镍的小行星撞击地球造成的。今天安大略省的萨德伯里以产镍闻名于世应当归功于这颗小行星。

人们还发现了一些由陨石撞击地表形成环形陨石坑,以后积水形成的宇宙湖。非洲加纳共和国境内的波森维湖就是一例,它的湖面好像是用圆规画出来的,湖盆是一个标准的圆锥体,被称为"世界上最圆的湖"。连接巴尔的摩和华盛顿的切萨皮克湾南部水下也有一个由小行星撞击形成的80km宽的坑,切萨皮克湾现在的形状就是这个坑造成的。世界上还有许多这样的地方,如意大利东南部的塔兰杜姆湾、澳大利亚北部的卡斑特里湾。

迄今为止,地球上已发现了140多个大型陨石坑。研究表明,除了造湖造矿,天体碰撞在地球演化史上起了重要的作用。越来越多的古生物和古地质资料表明,地外天体撞击地球造成的灾变,很可能就是地球历史上某些短时间内发生巨变的原因,如造山运动、气候剧变、地球磁极倒转、生物大灭绝等[100]。

凡事有利也有弊,近来也有科学家研究指出小行星撞击或是地球宜居的关键。英属哥伦比亚大学科学家研究发现,地球地壳外层曾富含产生热能的放射性元素,但是早期遭受过小行星撞击,毁掉了地表的这一外壳,从而奠定了地球板块构造、磁场南北极以及气候形成的基础。正是这些小行星撞击事件的发生,导致了地球与其他行星的潜在区别,成就了今天宜居的地球[101]。此外,这类碰撞还在地球上产生了贵金属矿产。例如,南非约翰内斯堡南部的一个巨大撞击坑,直径大约有

180km,是 19 亿年前撞击留下的。而在这个地方汇集了很多的黄金和钻石矿,正是这个坑发挥了重大的作用。俄罗斯也宣布他们开发了一个坑,里面有非常多的金刚石,可以供全世界用 3000 年[102]。

4.3.2　大气层内爆炸

1908 年 6 月 30 日清晨,一个比太阳还亮的蓝白色大火球从天而降,飞驰到西伯利亚的通古斯地区上空突然爆炸,发出刺目的闪光,爆炸的巨响传到 1000km 以外,爆炸产生的冲击波环绕地球上空振荡了两圈。这就是著名的通古斯大爆炸。据后来的考察结果推测,这可能是一颗直径约百米的彗星碎核或小行星与地球相遇造成的。所幸的是发生在人烟稀少的森林和沼泽地带,除了杀死几百头驯鹿之外,无一人死亡。要是这样的碰撞发生在人口稠密地区,那么它所带来的损失和悲剧就不堪设想了。

2013 年 2 月 15 日,一颗小行星以 30km/s 的速度进入大气层,并在俄罗斯车里雅宾斯克地区上空约 30km 高度发生猛烈的爆炸,导致过千人受伤,数百栋窗户玻璃破裂。据评估,该小行星直径为 15～17m,质量为 7000～10000t,爆炸当量约 3500 万 t,相当于 1945 年广岛原子弹爆炸当量的 30 倍。

4.3.3　地质变化

20 世纪 90 年代以来,中国科学院院士欧阳自远领导的研究组根据四次玻璃陨石的散布、古地磁倒转、古气候演变和古冰川的发育等系统研究,提出新生代以来至少有 6 次具有全球性影响的小天体撞击事件,分别发生在 6500 万年、3400 万年、1500 万年、240 万年、110 万年和 70 万年前,后 5 次撞击能量明显小于白垩纪末的那次。地层的地球化学记录表明,在各次撞击作用发生期间,地球表面的气候、生态、环境发生过剧烈灾变,产生了新的冰期与地磁极倒转,出现了不同程度的生物灭绝。距今最近的一次撞击确定了目前地球自转轴 23.5° 的倾角。

有些学者认为,大的撞击可使地球岩石圈产生分裂,导致板块的出现(在板块出现之前,地质学家认为所有的大陆是连合在一起的泛大陆)。地质学家称冰川搬运沉积的一套大小岩块与沙砾混杂的岩石组合为冰碛岩,其特征非常相似于撞击沉积物。有人统计了二叠纪末(距今 2 亿年)冰碛岩的地理分布,发现冰碛岩主要沿着大陆分裂的边界分布,而且常与溢流玄武岩共生,由此认为泛大陆的分裂是由撞击作用引起的。理论计算工作证明,2 亿年来冰碛岩的空间分布厚度匹配于理论上的撞击成坑历史。

另有科学家认为,小天体撞击对地球上的造山运动也起了不容忽视的作用。撞击使地壳受到猛烈的震动,破坏了地壳构造的均衡性。地球没有因地壳构造上的千差万别而解体,主要是均衡性在起作用。一旦受到破坏,就要重新调整,调整的结果首先表现在板块运动上。以 6500 万年前的撞击为例,从那时起,印度板块向欧亚板块挤压,把古地中海挤压成一座高山,就是现在的世界最高山——喜马拉雅山,还形成了高山北边的世界屋脊——青藏高原。太平洋板块向南美挤压,形成美洲最高山——安第斯山。此外还有一系列全球性的造山运动和地质构造运动,这就是地质上有名的中生代以后的"喜马拉雅运动",至今仍未完全终止。

4.3.4　恐龙灭绝

6500 万年前的中生代,有 1 亿多年的漫长时期是恐龙称霸地球。地上爬的、天上飞的、水中游的,都有恐龙的踪迹。从出土的古生物化石可以知道,中生代晚期的物种比现在多 70% 以上。可是,几乎在同一时间,包括恐龙在内的 50% 以上的物种突然间销声匿迹。这一事件长期以来,成为一个不解之谜。

20 世纪 70 年代以后,由美国加州大学伯克利分校阿尔瓦莱茨领导的一个研究小组,通过对意大利、丹麦和新西兰深海中白垩纪和第三纪之交(恐龙灭绝时代)的石灰石分析发现,该地层中铱含量比上下沉积岩中铱含量高出几十倍。铱元素在地壳中含量很少,但在陨星和小行星中含量异常丰富。并且,该地层中包含了一些细小而又呈扭曲状的石英颗粒,这是典型的外来天体撞击产生的物质。据此,1980 年阿尔瓦莱茨提出,白垩纪末的恐龙大灭绝是由一颗直径为 10km 的小行星撞击地球造成的。

阿尔瓦莱茨的理论一开始并未被广泛接受。20 世纪 80 年代末 90 年代初,在全世界 100 多个地区的地层剖面中,都找到了 6500 万年前大型撞击事件诱发环境突变和生物灭绝的充分证据,特别是 1990 年墨西哥湾卡尤坦半岛上直径达 240km 的"魔鬼之尾"撞击坑的发现,科学界才普遍达成了共识。

大量的地质地球化学记录加上现代化的计算机模拟为我们重演了那场地球劫难:一颗直径约 10km 的小行星以 40km/s 的高速撞向地球,在近地空间爆炸,强大的冲击波引起了地震、海啸、森林大火;从气化的岩石中释放的硫化物气体与大气中的水混合,形成酸雨沉降,臭氧层遭到破坏;烟尘蔽日,使地表急剧降温,漫长、寒冷、黑暗的冬天降临,撞击后幸存的物种又大量死亡和灭绝[103]。经历数十万年的过程,气候才逐渐恢复正常,大批新的物种滋生、繁衍,地球又恢复了生机。

这场宇宙突变的情景远远超过了后来文明世界的核战争。这是生态世界的一场大劫难,但不幸之中也孕育着一个新的时代,爬行动物统治的时代结束,开始进入与人类息息相关的哺乳动物时代(地质学上称为新生代),并最终导致人类地位的上升。

4.3.5　月球的起源

迄今为止,关于月球的形成原因,有许多假说。1880 年,达尔文(Darwin,著名生物学家 Charles Darwin 的次子）提出月球是从地球分裂出去的,后来科学家又提出很多假说[104],可概括为 4 种:第一种是"母子说",这种说法认为月球是地球的一部分物质形成的;第二种是"捕获说",这种说法认为月球是太阳系内某处形成的某种天体在接近地球时,被地球的引力所捕获形成的;第三种是"兄弟说",这种说法认为地球和月球几乎同时在太阳系中形成;第四种是"大碰撞说",这种说法认为月球是地球遭到火星大小的天体碰撞后,四散的碎片最终形成的[105]。

现在最有说服力的要属第四种假说,即大碰撞说。这是因为月球的平均密度为 $3.3g/cm^3$,而地球的平均密度为 $5.5g/cm^3$。大碰撞假说能对月球的特征进行详细说明。由小行星的碰撞、聚集诞生的原始地球,由于冲撞的能量而形成了熔化的泥浆状态。不久,铁、镍等重金属沉到地球中心,于是地核便形成了。较轻的碳酸钙形成了地壳和地幔。地幔的密度为 $3.3g/cm^3$。所以说,如果从地幔物质来考虑月球的诞生是合乎逻辑的。因天体对地球的碰撞而飞溅的地幔物质聚集起来就形成了月球。然而,从地球飞溅出来的大多数地幔物质又回到了地球表面。这在后来的模拟试验中得到了证实。目前,有人认为,月球中的物质有很多是碰撞天体的地幔物质。如果是火星大小的天体,就与地球一样形成地幔和地核。飞溅的碰撞天体碎片中多数地核物质落到了地球上,大多数地幔物质飞散进入宇宙空间,这些都能通过模拟试验得到证实。

最近,日本东京大学综合文化研究所研究员小久保莫等利用现有的引力问题用计算机进行模拟试验的结果,可明显看到从天体与地球的碰撞到月球诞生的完整过程。

由于天体碰撞,一些向宇宙空间飞散的地幔物质包围了地球。而被碰撞产生的巨大能量所蒸发的物质很快冷却,变成岩石,形成土星光环状的圆盘。当岩石相互碰撞时,在地球半径三倍以内的距离受地球的引力吸引后不能聚集,岩石变得粉碎,圆盘变薄。当圆盘密度变高时,不久便形成旋涡。此时,岩石好像在旋涡的内部振动起来,向外侧运动。到达边界的岩石通过碰撞可以成为结合体,急速成长起来,这就是月球的诞生。从碰撞开始只有 1～2 周时间,月球的月种与向螺旋界限外部活动的岩石反复碰撞并结合而变大。这种碰撞产生一个月后,月球就形成了约 90％。此后,残余的岩石在与月球和地球碰撞后便消失了。上述这种天体的碰撞停止 1 年后,一个直径约 3500km 的月球便在距地球约 2 万 km 的地方诞生。

目前,地球和月球之间的距离约有 38 万 km,是月球刚刚诞生时的 20 倍,这是由于地球和月球之间的潮汐摩擦作用。目前,月球还在以每年 3cm 的速度离地球远去。

月球的内部构造说明了其诞生的过程。最近,支持"大碰撞说"的一个有力的证据就是 NASA 的一个重要发现。NASA 的月球探测器 Lunar prospecter 对月球的引力场进行了详细认真的测定。测定结果表明,月球内核的半径可达 220～

450km,而地球地核的半径则达 3500km,占了地球总质量的 30%。一方面,月球的核心非常小,仅占月球总质量的约 2%。从月核很小这一事实来看,就可以否定月球与地球以同样方式形成的"兄弟说"和"捕获说"。从地球地幔正在缩小的"母子说"可解释地核缩小的原因。不过,由于地幔的缩小,则必须以两小时旋转一周高速自转。45 亿年前,地球的自转周期仅为 5h 左右。这样,"母子说"也被否定了,只有用"大碰撞说"来解释月球的诞生。

4.3.6　近地小行星碰撞防御

近地小行星指的是其轨道与地球轨道相交的小行星。这类小行星可能会带来撞击地球的危险。根据轨道半长轴和近日距不同,近地小行星还可进一步分为[106]:

(1) 阿登型(Aten):半长轴小于 1.0AU、近日距大于 0.983AU 的小行星;

(2) 阿波罗型(Apollo):半长轴大于 1.0AU、近日距小于 1.017AU 的小行星;

(3) 阿莫尔型(Amor):近日距在 1.017AU 和 1.3AU 之间的小行星。

其中,阿登型与阿波罗型小行星的轨道会穿越地球轨道,这使得它们可能产生撞击的威胁,而阿莫尔型小行星不穿越地球轨道但可能距离地球非常近。

相比地震、洪水等自然灾害,近地小行星撞击地球灾害具有 3 个特点:一是瞬间发生的全球毁灭性灾害;二是对近地小行星撞击的时间、影响程度及撞击地点可以有较准确的提前预报;三是近地小行星撞击是可以避免的。因此,对于小行星撞击地球这类的碰撞危险,作为防范措施,首先是要找到对地球有威胁的天体,然后计算出它们的轨道。目前,世界各国相互合作已建立了全球性的观测、监视与预报的自动网络体系,侧重于近地空间小天体的观测与预报,使人类有可能预先准备好应采取的紧急措施。

2014 年,逾 100 位科学家和宇航员等共同签署了一项联合声明——"100X 小行星声明",呼吁全球各界对可能碰撞地球的小行星给予高度关注,加快搜寻并尽快建立小行星防御机制。声明指出,现在可能与地球相撞的小行星、流星、彗星等数量已增大至 100 万颗,但是人类仅探测到 1 万颗,只占总量的 1%。这意味着人类随时面临着小行星进入大气层,造成全球范围的巨大灾难。因此,小行星撞击地球并非天方夜谭,应该积极采取措施预防灾难发生[107]。

找到威胁人类的小行星只是第一步,更重要的是如何消除这种威胁。以美国、欧洲为代表的航天大国都提出了近地小行星防御任务计划,如美国的"阿波菲斯探索与减缓平台"(Apophis exploration and mitigation platform,AEMP)、"超高速小行星拦截器"(hyper-velocity asteroid intercept vehicle,HAIV)、"表面和内部科学撞击器"(impactor for surface and interior science,ISIS),欧洲的"堂吉诃德"

(DONQUIJOTE)、"近地小行星防护盾"(near-earth objects shield, NEOShield)等[108]。各任务中所采用的多数小行星防御技术尚处于概念和设想阶段,甚至有很多技术是开创性的,未进入工程实际应用。例如,欧洲空间局于 2013 年宣布,为更多地掌握如何驱离有潜在撞地威胁的小行星,将由欧美联合实施的一项近地小行星撞击探测任务——"小行星撞击与变向评估"(AIDA)已正式选定撞击目标,即称为"双胞胎"的小行星。这项任务将于 2022 年双胞胎小行星距地球 1100 万 km 时对其实施拦截。双胞胎实际上是一个双星系统,由直径分别为 800m 和 150m 的两颗小行星相互绕着对方做轨道运动。它在可预见的未来对地球并不构成威胁。AIDA 任务将包括两个小型探测器,其中一个将以 6.26km/s 的速度撞击较小的那颗小行星,另一个则将对交会过程进行记录。约翰·霍普金斯大学应用物理实验室将负责 AIDA 任务的撞击装置。观测用的探测器称为"小行星撞击监测者",将由欧洲空间局负责。一些地面仪器将同时对撞击情况进行观测。该项目对从应用科学和探测到小行星资源利用的许多领域都有价值。AIDA 任务下的撞击所产生的能量将和大块空间碎片撞击卫星大体相当,所以还会有助于改进空间碎片撞击模型[109]。据估计,整个任务将耗资 2.25 亿英镑。其中 1.27 亿英镑用于制造担负撞击任务的飞船,另一艘造价则为 9800 万英镑[110]。

　　归纳起来,小行星防御有两个最基本的方式:一是改变小行星轨道使之避开地球;二是使小行星分裂成碎片,然后碎片避开地球或者碎片的破坏性降到足够小。由于小行星分裂成碎片的过程具有较大的不可预见性,在预警时间足够的条件下,改变小行星轨道的方法更为适合。目前,使小行星分裂成碎片的方式只有通过核爆技术实现;而改变小行星轨道的方式从作用时间上区分,可以分为快速防御技术和缓慢防御技术。防御技术分类如图 4-7 所示[111]。

　　(1) 快速防御技术。通过航天器与小行星撞击或者在小行星内部、表面、上面爆炸等短期作用方式,改变小行星的速度,从而改变小行星的轨道。快速防御技术主要包括核爆和撞击。撞击适用于尺寸相对较小且预警时间短的小行星,或者尺寸相对较大且预警时间长的小行星;只有核爆适用于尺寸相对较大且预警时间短的小行星。

　　(2) 缓慢防御技术。航天器与小行星交会,对小行星产生一个长期的作用力,通过长期综合效果改变小行星的速度,进而改变轨道。小行星微小的速度变化随着时间的推移将演变为极大的轨道变化。缓慢防御技术还可以分为接触式和非接触式。接触式技术需要航天器可靠地附着在小行星表面,并且由于小行星的转动,需要通过调整推力方向和定时控制来确保推力沿着小行星速度方向;非接触式技术则可以避免这些问题。缓慢防御技术只适用于尺寸小、预警时间长的近地小行星,这类近地小行星的预警时间通常为几年或十几年。

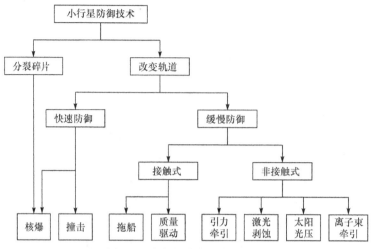

图 4-7　小行星防御技术分类图

通过对上述近地小行星防御技术途径的调研分析,总结如下:

(1) 时间性:除核爆和撞击属于短期防御技术外,其余均为长期防御技术(几年甚至十几年);长期防御技术要求航天器具有高的可靠度,一旦在任务期间发生不可修复的故障,会直接影响防御的效果,可能导致防御任务的失败,所以针对长期防御技术应该考虑备份手段。

(2) 有效性:核爆是唯一可以应对预警时间短、小行星尺寸大的技术途径,具有最大的能量,但由于与空间核武器技术类似,受到政治等因素限制;撞击预警时间短的小行星,整个系统部署、运行和维护需要耗费大量的财力,并需要国际合作建立快速反应指挥控制中心,对小行星进行不间断的监控,整个系统的建立可能需要 10 年甚至更长的时间。

(3) 成熟性:各项技术多处于概念和设想阶段,除了撞击技术已在 NASA 的"深度撞击"任务中测试,并且计划在后续 ISIS 等任务中进行进一步验证,其余均没有通过在轨验证;长期防御技术中,引力牵引和离子束牵引相对成熟,可能在短期内进行在轨验证;激光剥蚀技术曾经被广泛开展研究,但是未进行过测试或在轨验证,该技术达到成熟也需要较长的时间,但是一旦技术成熟,激光剥蚀技术将十分有效,甚至可以在大中型小行星防御中发挥作用。综合考虑,撞击技术的成熟度和可靠性最高。

(4) 方式性:采用单一的技术途径完成防御任务的成功率较低,建议采用多种技术组合的方式。对于几年甚至几十年预警时间的近地小行星,改变其轨道所需的速度增量在厘米每秒量级,但即使是小尺寸的小行星,其质量也是极大的,所以其所需能量也非常大;对于周期性穿过地球轨道的近地小行星,改变其轨道避免周期性与地球近距离交会所需的速度增量在毫米每秒量级。

4.4 "深度撞击"试验

"深度撞击"是 NASA"探索"计划中的第八项任务。"深度撞击"计划共耗资3.33 亿美元(包括运载火箭),其任务主要是解答长久以来人类对于彗星本身、太阳系的形成、甚至生命起源的诸多疑问。该探测器发射于 2005 年 1 月,不到 6 个月后飞抵坦佩尔 1(Tempel 1)彗星,于北京时间 7 月 4 日 13:52:24 用一个铜制撞击器(impactor)以 10.2km/s 的相对速度对彗核进行了撞击,以通过对溅起物质进行观测研究来掌握其成分,如图 4-8 所示。

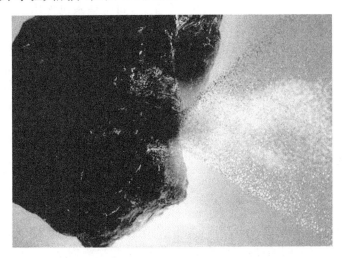

图 4-8　"深度撞击"模拟效果图

主任务结束后,探测器几次改变飞行路线,启动了称为"系外行星观测与大冲撞延长研究"(EPOXI)的一项延长期任务,于 2010 年 11 月对哈特利 2(Hartley 2)彗星进行了飞越探测。此后,探测器又利用其高分辨率望远镜对杰拉德(Garradd)和 ISON 彗星进行了远距离观测。此外,它还拍摄了地球、火星和月球图像,并对6 颗恒星进行了研究,以证实绕这些恒星运行的行星的运动。该探测器在工作期间共发回了约 50 万幅图像,在深空飞行了约 75.8 亿 km,成为历史上飞得最远的彗星探测器。

2013 年 9 月 20 日,NASA 宣布,在同地面失去联络 6 周后,成果丰富的"深度撞击"彗星探测器报废。它是在对 ISON 彗星进行观测期间失去联络的。美国最后一次收到该探测器的信号是在 2013 年 8 月 8 日,随后恢复联络的努力一直没有奏效。项目首席科学家、马里兰大学天文学家 Michael A'Hearn 在一份声明中说:"我为因功能故障而失去'深度撞击'感到悲伤,但同时'深度撞击'项目为我们加深对彗星的了解作出许多贡献,我为此感到十分自豪。"问题的具体原因仍不得而知,但项目小组怀疑,该探测器计算机软件出现问题,影响了定位系统,从而导致与地球的通信中断,并使得太阳能电池板方向指向错误,最终探测器失去电力,其内部包括电池和推进系统等全被"冻死"[112]。科学家称,"深度撞击"是一个长寿命探测器,采集到的数据远超出原定计划,给人类对彗星及其活动的认识带来了革命[113]。

4.5　星系大碰撞

在广袤的宇宙中,分布着1000多亿个星系,每个星系包含几百万至几千亿颗恒星。星系碰撞在宇宙中相当普遍,对星系进化具有非常重要的意义。小星系通过碰撞、合并而不断变大,形状也随之改变[114]。在无垠的宇宙中,为什么星系会彼此相撞?研究认为,在星系碰撞这一现象的背后隐藏着一个无形的"幕后操纵者"——暗物质。遗憾的是,直到今天,科学家依然没能揭开它的真面目,暗物质依然是一个未解之谜。不过,科学家确定,暗物质与星系的诞生、演化等生命历程密切相关。

4.5.1　主要现象

1. 现象一:银河系和仙女座星系将发生碰撞

银河系是人类的家园——地球(太阳系)所在的星系,包括1000亿至数千亿颗恒星,形如一个扁平的圆盘,直径约10万光年(1光年约为9.46万亿 km)。仙女星系是一个巨型旋涡星系,所包括的恒星数量约为银河系的2倍。仙女星系并不是距离银河系最近的星系,在两者周围还存在着一些小星系。银河系和仙女星系都是"本星系群"的成员之一,这个星系群共包含大约50个星系,仙女星系是其中最大的星系,银河系则位居第二,如图4-9所示。

300年前,伟大的物理学家牛顿就曾预测,如果仅计算银河系和仙女座星系的质量和速度,它们将最终发生碰撞,就像苹果无法避免地从树上落在地面上一样。NASA利用哈勃太空望远镜观测发现,距离银河系250万光年之遥的仙女星系正以约109km/s的超高速度接近我们的银河系。计算表明,仙女星系与银河系的距离每年缩短大约34亿 km(约0.00036光年)。由于距离越近,引力越大,因此,科学家预测,从现在起37亿~38亿年后,两者将开始碰撞。一旦发生碰撞,这两个星系将会面临怎样的遭遇?

2. 现象二:宇宙中1%的星系正在发生碰撞

星系碰撞是宇宙中司空见惯的现象。图4-10为哈勃太空望远镜所拍摄的正

图 4-9　银河系与仙女星系

在发生碰撞的星系图像。不仅有一对一的碰撞,有时 3 个以上的星系也会同时发生碰撞。从地球观测时,距离我们越远的星系正在发生碰撞的比例越高。越远的星系所发的光到达地球所需的时间越长,这意味着我们所观测到的星系实际上并不是它今天的最新面貌,而是过去的面貌。也就是说,与现在相比,星系在过去更加频繁地发生碰撞,星系正是通过不断地碰撞与合并,才成长为大星系的。

　　科学家根据观测结果对星系碰撞的频率进行了计算,结果发现,在大约 100 亿年前,实际上有近 10% 的星系正在发生碰撞。后来,随着星系不断合并,碰撞的频率才逐渐降低了。如今,只有大约 1% 的星系正在发生碰撞。研究认为,宇宙诞生于大约 138 亿年前,早期星系则诞生于大约 130 亿年前。

　　科学家推测,仙女星系与银河系都曾经与其他星系发生过碰撞与合并,才演化成今天的形状。不过,我们很难准确地了解它们过去与什么星系合并在一起了。这是因为,一旦两个星系合并到一起后,它们在合并前的所有信息就会消失得一干二净,几乎没有任何保留。

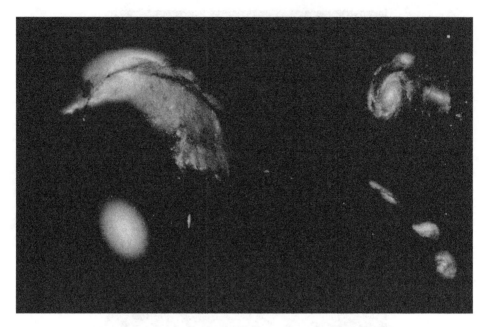

图 4-10　哈勃太空望远镜所拍摄的正在发生碰撞的星系图像

4.5.2　作用机理

1. 机理一:星系的物理构成

一个星系内往往分布着几百万到几千亿颗恒星。当两个星系发生碰撞时,这些恒星会不会发生直接的激烈碰撞? 要想弄清楚这个问题,首先需要了解星系的构成。

现代科学表明,恒星(含绕其旋转的行星、卫星、彗星等)、星际介质和暗物质(无法直接观测到的物质)构成了星系的内部结构。星系内的恒星分布是不均匀的,一般大多数的恒星集中在中心部,越往外围恒星数量越少。在星系中,恒星之间并非一无所有,而是充满了稀薄的星际气体。星际气体的主要组成元素是氢和氦,密度因位置不同而不同,平均密度约为每立方厘米 1 个原子(或者分子)。在旋涡星系中,恒星密集的中心部分称为核球(bulge),外围则分为恒星较多的部分和恒星较少的部分,较多的部分称为旋臂,星际气体多分布在旋臂上。

以银河系为例,在恒星集中的中心部,恒星之间的距离大约为 0.03 光年(约 2800 亿 km);在恒星稀疏的外围,恒星相距更加遥远,大约是中心部的 100 倍,约为 3 光年。如果把恒星缩小成一个网球大小(直径 6.6cm),那么即使在恒星密集的中心部,离自己最近的网球(恒星)也远在大约 13.5km 之外。在恒星稀疏的外围,最近的邻居则在大约 1350km 远的地方,差不多相当于从北京到长沙的直线距离。因此,在恒星如此稀少的广袤空间内,即使星系发生了碰撞,恒星之间发生直接碰撞的概率也是微乎其微。

科学家曾对此做了一个简单的计算。假设在一个与银河系相同大小(直径 10万光年、厚约 5000 光年)的扁圆盘形区域内均匀分布着 1000 亿颗恒星,当一颗太阳大小(半径约 70 万 km)的恒星从星系的一边穿越到另一边时,它在前进道路上会遇到几个"同伴"(有可能与几颗恒星相撞)呢? 通道上的恒星数量越多,意味着发生碰撞的概率越大。计算结果表明,当一颗恒星穿越这个经过简化处理的星系(图 4-11)时,位于其前进道路上的"同伴"仅为 4.3×10^{-12} 个。即使考虑星系内恒星分布密度的不均匀,以及星系的形状、大小和碰撞角度的变化,恒星相撞的概率仍然极低。

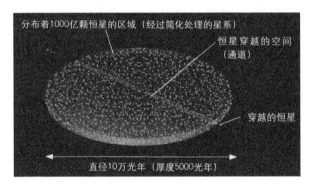

图 4-11 恒星穿越星系的简化模型图

当星系碰撞时,星系内的恒星会以每秒几百千米的超高速度互相穿过。由于恒星之间相距非常遥远,它们之间的引力导致速度改变也极其微弱,几乎不会导致彼此的轨道发生弯曲。也就是说,与互相穿过的恒星相互吸引靠近,并最终撞在一起的"悲剧"几乎不可能发生。因此,在两个大星系迎面相撞的情况下,或许才会有几颗恒星直接相撞吧。

2. 机理二:星系的控制力

尽管恒星之间相距非常遥远,但是,数百万到数千亿颗恒星却汇聚在一起,构成了一个庞大的集团。是什么神奇的力量把它们汇聚在一起构成一个星系? 又是什么样的力量将众多星系汇聚起来并推动着星系的相互接近和碰撞? 答案是:引力。

引力是世界上最基本的四种相互作用之一,是具有质量的物体在其周围空间所产生的作用力,是一种长程力。物体的质量越大,引力越大。星系中大量的恒星以及其他物质的质量无比庞大,如此庞大的质量所产生的引力也将是一个难以想象的超级引力。正是这个超级引力把数百万甚至数千亿颗恒星汇聚在一起,成为一个庞大的集团。

此外,一个星系的引力对其他星系也具有吸引作用。银河系与仙女座星系相互接近也正是两者引力相互作用的结果。成群的星系聚集在一起则构成了星系群或星系团。几十个星系组成的小集团称为星系群,数十到数千个星系组成的大集团则称为星系团。通过观测星系团中的星系,科学家发现,这些星系在向各个方向运动。要想将运动的各个星系束缚在一定的范围内(维系集团),就需要一个作用力将它们汇聚在一起。能够担当如此重任的,非整个星系团的质量所产生的引力莫属。

各星系的运动速度越快,就需要越强的引力。利用这种关系,根据各星系的运动速度就能够计算出将众多星系汇聚在一起的引力强度(星系团质量)。1933 年,瑞士天文学家弗里茨·兹威基(Fritz Zwicky,1898~1974 年)分别用两种方法计算出离我们大约 3.2 亿光年之远的后发座星系团的质量。一种方法是根据各星系的运动速度来计算其质量,另一种方法则是根据各星系内的恒星亮度(利用了"恒星越亮质量越大"这一特性)来计算其质量。可是,这两种方法的计算结果却非常不可思议,令人百思不得其解。前一种方法计算出的星系团质量是后一种方法的 400 倍! 换句话说,质量的不一致意味着仅靠星系内的恒星质量(引力)还不足以将各星系汇聚在一起。为了解释这一矛盾,兹威基主张"星系团中存在我们无法观测到的物质",并推断不足的那部分质量其实是"看不见的物质"的质量。

20 世纪 30 年代,当兹威基提出宇宙中可能存在大量我们看不见的暗物质时,没有多少人严肃地看待这个问题。直到 70 年代,越来越多的科学家才开始相信它的存在。同时,科学家观测到了一些只能用"存在看不见的物质,它向周围施加作用力"才能圆满解释的天文现象,例如,不同方法计算的宇宙空间质量密度不一致,仙女星系的"异常旋转"——星系盘内侧与外侧的转速几乎相同,引力透镜效应。科学家将这种看不见的物质称为"暗物质"。暗物质广泛分布在整个宇宙中。研究认为,在整个宇宙中,暗物质大约是可见物质(构成普通物质的原子)的 5 倍。如今,科学家已经基本上摸清楚了暗物质的"脾气"——产生引力,却不发光(电磁波),但是依然没能完全揭开它的庐山真面目。

暗物质不仅具有绝对的质量优势,还紧紧包裹着星系,它的运动左右着星系的运动。同时,它还把星系相互拉近并束缚成一个集团。当然,导致银河系与仙女座星系将来发生碰撞的"幕后操纵者"也非暗物质莫属。

4.5.3　碰撞结果

1. 星系合并成长变形

星系通过碰撞而合并,逐渐变大,其形状也不断改变。星系的形状在碰撞前后有哪些改变? 又遵循怎样的规律? 尚有许多未解之谜等待着科学家去揭示。对典型情况的研究认为,当两个巨型旋涡星系发生碰撞后,旋涡将消失,最后形成一个椭圆星系。据此,科学家推测,旋涡状的仙女星系与银河系迄今尚未经历过大规模的合并,大约 40 亿年后即将发生的碰撞,有可能是它们生命历程中从未经历过的猛烈碰撞。

研究认为,仙女星系与银河系发生碰撞后,两个星系中的恒星将会相互"穿越而过",几乎不会发生直接相撞。这是因为,星系是由恒星组成的集团,两颗恒星之间的距离非常遥远。因此,就算两个星系果真发生了碰撞,恒星相撞的概率也是微乎其微的。不过,当恒星相互穿越时,星系结构会产生极大错乱。由于受到另一个星系引力的影响,各个恒星的运动将有所改变。尽管两个星系在穿越过后会逐渐远离,但是在相互引力的作用下,两者又开始再次相互接近。就这样,星系碰撞周而复始,两个星系最终会合并成一个。仙女星系与银河系本来都是旋涡状的,每碰撞一次,旋涡就会变形一些,大约 60 亿年后,两者将会合并成一个巨大的椭圆星系。

就像仙女星系与银河系那样,当两个规模大致相当的旋涡星系合并成一个星系时,两者原有的旋涡都将消失。它们在相互穿越而过的同时,不断重复发生碰撞,导致恒星开始不规则运动,合并后的星系变成没有旋涡的椭圆星系。而大的旋涡星系与小的旋涡星系发生碰撞时,大星系的旋转"劲头"几乎不会减弱(旋涡结构不会变形),小星系则被吸收"吞噬"。

2. 加速诞生新的恒星

星系除了通过碰撞合并成长之外,还可以通过引力从周围汇聚物质,并以这些物质为原材料生成新的恒星。

星际气体是形成恒星的原材料,广泛分布在星系盘上,并随着星系一起移动。星系碰撞时,星际气体不会像恒星那样相互穿越而过,而会猛烈地撞在一起。这样一来,两个星系中的星际气体会被高度压缩,其浓度甚至可增大几万倍。当星际气体的密度增大到一定程度后,气体团就会在自身引力的作用下开始塌缩,并孕育出新一代恒星的胚胎(原恒星)。原恒星不断吞并周围的气体,最终成长为一颗耀眼的新生恒星。恒星就是在这种机制下不断从压缩的气体中脱胎而出的。

研究认为,如今在银河系的星系盘上,每年所诞生的新生恒星的总质量相当于太阳的 3 倍。而星系碰撞时,恒星诞生率会大大增加,每年新生恒星的质量可以达到太阳的数十到数百倍。

星系发生碰撞时,两个星系内的恒星数量并非只是简单相加到一起,而且还通过压缩原材料来形成新的恒星。可以说,星系碰撞是新恒星诞生的"催化剂",推动了星系规模和形状的不断演化。

4.5.4　星系不断碰撞合并的未来宇宙

宇宙自大约 138 亿年前诞生以来,较小的暗物质晕通过不断集中与合并,逐渐成长为较大的暗物质晕。在这一过程中,诞生了恒星,大量恒星聚集在一起则形成了星系。星系之间时而碰撞合并,时而和平相处,聚集在一起,最后形成了星系群或星系团。在宇宙中,有些区域内的星系较为密集,有些区域则几乎不存在星系。科学家把几乎不存在星系的宇宙区域称为"巨洞"(void),它的直径约为数亿光年。在现在的宇宙中,属于某个星系团的星系仅占整体的 10% 左右,其余的或者属于规模更小的星系群,或者是不属于任何集团的孤立星系。

正如银河系与仙女星系将在几十亿年后发生碰撞,合并为一个巨大的椭圆星系一样,那些现在作为星系群或星系团的一个成员而和平相处的星系们,在未来的某一天很可能也会发生碰撞合并在一起。那么,未来的宇宙是否会因碰撞合并成一个大的星系呢? 答案是否定的。

尽管科学家推断未来星系群或星系团中的星系会合并,但是,宇宙中所有的星系并不会最终合并成一个,这是因为宇宙在不断膨胀。观测遥远的星系时,可以发现越远的星系,远离银河系的速度越快,这是因为宇宙空间在不断膨胀。观测发现,宇宙膨胀的速度随着时间的推移而越来越快(加速膨胀)。虽然科学家认为某种未知的能量在推动着宇宙加速膨胀,但是,并不清楚这种神秘的能量到底是什么,因此把它称为"暗能量"。

研究认为,根据"把星系汇聚到一起的力量"(暗物质引起)与"让宇宙加速膨胀的能量"(暗能量)之间的力量对比,未来的宇宙将是一个非常"寂寞"的世界,只稀疏地分布着一些巨大的椭圆星系。到那时,遍布整个浩瀚宇宙的星系碰撞会逐渐消失。

第 5 章　高能粒子束强冲击

粒子束由大量速度接近光速的微小粒子构成。此处的"大量"是指粒子密度能达到 10^{11} 个/cm^3 的数量级,"微小"则是指这些粒子均为组成物质的基本粒子:电子、质子或氢原子这样的中性原子。粒子束中的粒子均为原子或亚原子尺度,这就意味着只能在原子物理和核物理基础上理解它们之间以及它们与目标之间的相互作用。这些粒子的速度接近光速,因此它们的传播遵循爱因斯坦的相对论。它们的数量如此庞大,单个粒子的活动必然受到粒子束中其他粒子的影响,必须考虑它们之间的相互作用。因此,本章将花费大量篇幅来介绍影响粒子束传播、粒子束与物质间相互作用的物理学基础知识。

5.1　主　要　现　象

粒子束系统的基本作用原理是利用高能强流粒子加速器,将注入其中的粒子源产生的电子、质子、离子等一类带电粒子加速到接近光速,使其具有极大的动能,用磁场将它们聚集成密集的高能束流后,直接(或去掉电荷后)射向目标(图 5-1),在极短的时间内以束流的动能或其他效能实现与目标的作用效果。其中,被称为粒子的物质是指电子、质子、中子和其他带正、负电的离子。

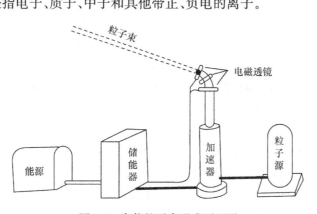

图 5-1　高能粒子束形成原理图

按粒子束的性质分为带电粒子(电子、质子)束(charged-particle beam, CPB)、中性粒子(氢原子等)束(neutral-particle beam, NPB)。从有利于粒子束传播的角度看,中性粒子束主要适合外层空间使用。这是由于:一方面,中性粒子束与物质的作用强烈,在大气层内由于受大气分子的作用能量会迅速衰减,其使用范围一般被限制在高度 100km 以上;另一方面,在大气层外的真空状态,由于带电粒子之间的斥力,带电粒子束会在短时间内散发殆尽。带电粒子束则主要在大气层内使用。大气层内的带电粒子束,虽有衰减,但可以传导而且宜于使用。

高能粒子束射中目标时主要产生三种作用现象:

(1) 使结构材料气化或熔化。由于高速粒子束流具有很大的动能和动量,当它射到目标上时,粒子和目标壳体的分子发生非弹性碰撞。经过多次碰撞,粒子束将能量传递给目标的壳体材料。粒子束传递的能量以热的形式沉积在壳体材料中,由于沉积的热量远大于壳体材料放出的热量,瞬间可产生 8000℃的高温,会使目标表层迅速气化、破碎。粒子束还穿透目标外壳进入目标内部引起热应力发生变化,使目标材料升温、熔化或产生热破裂,造成目标结构和内部设备的破坏。

(2) 提前引爆目标中的引爆炸药(如使推进剂点火或炸药爆炸)或破坏目标中的热核材料。在密闭情况下,绝大多数引爆炸药将在 500℃时才能起爆。而高能粒子束可在 500℃以下使引爆炸药起爆。主要原因是:其一,粒子束能使引爆炸药内部产生电离,并引起离子迁移、离子交换,使其内部的电荷及相应的电场分布不均匀,降低起爆度;其二,大量能量沉积和粒子束强烈冲击,在目标材料中产生激波,引起武器中的起爆药提前起爆。据报道,导弹战斗部中的引爆炸药,当注入的能量为 200J/cm³ 时,可被点燃并引起爆炸。当沉积的能量达到 100~125J/g 时,可使热核装药结构破坏。

(3) 使目标的电路被破坏、电子装置失灵。高能粒子束对目标的电设备或器件的影响、破坏机制有多种:一是低强度的照射,虽不能使电离产生脉冲电流,但可造成目标电子线路的元件工作状态改变、开关时间改变、漏电,使线路性能严重恶化,并产生误动作。以导弹的制导或控制电路的硅电子器件为例,当沉积的能量密度达到 10J/g 或 23J/cm² 时,就能使之失效。二是高强度的照射,除了可以直接烧熔电子器件外,当带电粒子束穿透电子设备,在设备的元器件中产生电子-空穴对时,就能进而形成突然大的电流脉冲,放出大量的热能,使电子器件遭到破坏。据国外试验表明,如果粒子束能在 1ms 的时间里,在 1cm³ 内沉积 1000J 的能量,将会彻底破坏目标的电子线路。三是带电粒子束在大气层内运动,由于与空气分子、目标材料分子作用而减速,损失的能量可能转化成高能射线。这些射线可能破坏目标的瞄准、引信、制导和控制电路。四是带电粒子束的大电流及短脉冲,还可以激励出很强的电磁脉冲,也可对目标的电子线路造成很强的干扰与破坏。

5.2　作用机理与建模

根据相对论理论可知,一个微观粒子的质量虽然很小,但如果能使其运动速度达到或接近于光速,那么其能量也可以达到相当可观的程度。另外,一个粒子的能量固然有限,但要是把大量的粒子聚合在一起,那么其能量就会很大。因此,当把数量众多的微小粒子加速到光速或接近光速,以粒子束的方式定向发射到空间时,就可以熔化或破坏目标,而且在命中目标后,还会发生二次电磁场作用,对目标进行破坏。Philip 对粒子束的作用特性进行了较为详细的描述,本节主要引用其贡献[115]。

5.2.1　粒子束的基本原理

1. 电磁场和电磁力

粒子束分为两种:带电的和中性的。但是,中性粒子束最初也是由带电粒子束形成的,这是由于只有带电粒子才能被粒子加速器的电磁力加速为高速、高能粒子束。因此,有必要从电磁场和电磁力对带电粒子的作用开始研究粒子束。

电场是自然存在的,一般用 E 表示,磁场则一般用 B 表示。这些场都是向量场,是看不见的,但是可以通过它们对物质的作用推知它们的存在。当一个电量为 q 的粒子进入一个强度为 E 的电场时,该粒子将受到一个与 E 方向相同或相反的力 F,计算公式为

$$F = qE \tag{5-1}$$

当一个电量为 q 的粒子以速度 v 进入一个强度为 B 的磁场时,该粒子同样会受到一个作用力 F,计算公式为

$$F = qvB\sin\theta \tag{5-2}$$

式中,θ 为粒子运动方向和磁场 B 方向的夹角。如图 5-2 所示,磁场力的方向既垂直于 B,又垂直于 v。

这些电场和磁场是如何产生的呢? 有意思的是,它们是由带电粒子产生的。一个带电量为 q(单位为库仑)的粒子会产生一个向外辐射的电场,与粒子距离为 r 处的电场强度为

$$E = q/(4\pi\varepsilon_0 r^2) \tag{5-3}$$

其单位为 V/m。

强度为 I(单位 A)的电流(带电粒子流)会产生一个环绕电流方向的磁场,距离 r 处的磁感应强度为

$$B = I/(2\pi c^2 \varepsilon_0 r) \tag{5-4}$$

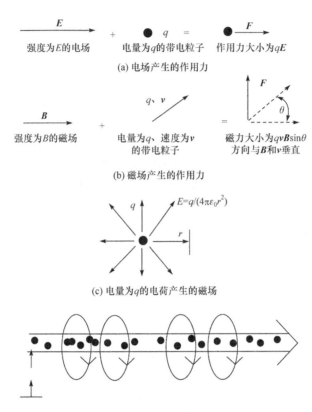

(a) 电场产生的作用力

(b) 磁场产生的作用力

(c) 电量为q的电荷产生的磁场

(d) 大小为I的电流产生的磁场

图 5-2 电场、磁场和作用力

其单位为 T(特斯拉)。

上述公式中的常数 ε_0 称为真空介电常数或真空电容率(国际单位制下数值约为 $8.85 \times 10^{-12}\,\text{F/m}$),$c$ 为光速($3 \times 10^8\,\text{m/s}$)。上述关系同样可参见图 5-2。

关于带电粒子及其与电磁场相互作用的研究十分复杂:当前存在的所有场都会影响粒子,而粒子的运动反过来又会影响当前存在的场。1873 年,麦克斯韦首次对电磁场和它们的作用力之间的复杂关系进行了完整的数学描述。他建立了四个相互关联的方程式,统称麦克斯韦方程,该方程直到今天仍是电磁理论的基础。该方程对带电粒子产生电场、运动的带电粒子(电流)产生磁场的实验观察现象进行了量化。此外,通过麦克斯韦方程可以推出:随时间变化的电场将产生磁场,随时间变化的磁场将产生电场。正是上述现象造成电场和磁场以电磁波形式向外传播。

2. 相对论中的粒子动力学

鉴于电磁场会对带电粒子产生作用力,那么这些粒子对这些力是如何反应呢?
在经典力学中,质量为 m 的粒子受到大小为 F 的力时,其反应可用牛顿定律表示:
$F=ma$,其中 a 为粒子速度 v 的变化速率,或称为加速度,其数值为 $a=\mathrm{d}v/\mathrm{d}t$。在
日常生活中经常能感受到牛顿定律的存在。一个力对较重的、质量较大的物体产
生的加速度要小于对较轻的、质量较小的物体产生的加速度,而且这个力一旦施
加,物体将会保持所获加速度,从而速度越来越快。然而,当物体的速度接近光速
时,它将不再遵循上述日常经验。无论施加多久,任何力都无法使粒子的速度超过
光速。爱因斯坦的相对论可以解释这个奇怪的现象,以及当距离、长度、时间的量
度达到光速数量级时产生的不符合日常经验的现象。

爱因斯坦的理论将牛顿定律进行了延伸,使之可以考察速度接近光速时的情
形。概括来说就是将 $F=ma$ 替换为 $F=\mathrm{d}P/\mathrm{d}t$,以粒子动量 P 的变化速率来描述
公式,此处 $P=\gamma mv$。这里的因数

$$\gamma=1/(1-v^2/c^2)^{1/2} \tag{5-5}$$

如果 $v \ll c$,那么 $\gamma \approx 1$。由于粒子的质量 m 是一个常数,加速度 a 为速度变化比率
为 $\mathrm{d}v/\mathrm{d}t$,所以此时 $\mathrm{d}P/\mathrm{d}t$ 就成为 $\mathrm{d}(mv)/\mathrm{d}t=m\mathrm{d}v/\mathrm{d}t=ma$。可见,在日常生活中
的速度条件下,牛顿定律适用。反过来说,当 v 接近光速 c 时,γ 会变得越来越大,
因此粒子的有效质量 γm 也变得越来越大。随着 γm 的增加,粒子对进一步加速的
阻抗也会增大,因此,施加的作用力再也无法推动粒子超过光速。由图 5-3 可知,
只有在速度十分接近光速时,才需要考虑相对论因子,以及它对粒子动力学的影
响。然而,一旦速度确实接近光速,就成为决定粒子对作用力反应的主要因素。

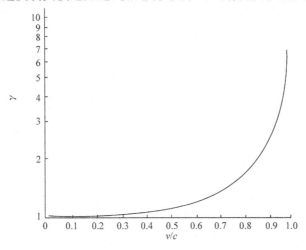

图 5-3　相对论因子 γ 与 v/c 之间的关系

现在引入一些通用术语,用于研究分析相对论粒子——速度接近光速的粒子。v/c 这个比率十分重要,通常被称为 β。因此,γ 可表示为 $1/(1-\beta^2)^{1/2}$。根据爱因斯坦的著名公式 $E=mc^2$,粒子的质量常以能量形式表述。通过上述对应关系,可以得出电子的质量 9.11×10^{-31}kg 可对应能量为 8.2×10^{-14}J,质子的质量 1.67×10^{-27}kg 可对应能量为 1.5×10^{-10}J。电子、质子以及其他亚原子粒子质量对应的能量十分微小,为了便于计算,引入新的单位"电子伏"($1\text{eV}=1.6\times10^{-19}$J),让这些微小量度看起来"大"一些。这个单位实际代表的是带一个电子电量的粒子受到 1V 电压作用加速时所获能量。以此单位计算,电子的质量对应为 0.511MeV,质子的质量对应为 938MeV。

除自身质量外,粒子还带有和运动相关的动能。相对论粒子的动能公式为

$$K=(\gamma-1)mc^2 \tag{5-6}$$

当 $v\ll c$ 时,可以发现该公式变回了传统动能公式 $K=mv^2/2$。当 $\gamma=2$ 时,粒子的动能 $(\gamma-1)mc^2$ 就会等于其质量的能量表述形式 mc^2。在传统经验中,当粒子的动能与其静能量(即粒子质量的能量表述形式)相近时,就必须用相对论来考察粒子的运动。达到这样的动能需要的对应速度为 $0.7c$。粒子的静能量和动能之和 γmc^2 通常称为总能量,但是实际上只有粒子的动能可以用于打击目标。

当粒子处于相对论条件时,它们之间的一些差别将渐趋消失。对此可参见表 5-1,表中展示了动能均为 2GeV 的电子和质子的各项参数。质子的质量约是电子的 2000 倍。如果相对论不存在,那么在动能相同的情况下,质子的动量将是电子的 45 倍。但是在能量达到相对论条件时,电子和质子的动量几乎没有差别。这是由于对较轻的电子来说,相对论因子更大,使其有效质量大大接近较重的质子。正是此类原因,我们在研究构成粒子束的相对论粒子时会经常得出一些令人惊讶的结果。鉴于日常生活中达不到接近光速的速度,这些结果很可能与我们的日常经验相反,这给我们解释粒子束的相关现象带来了一定困难。

表 5-1　高能电子和质子的相对论参数

粒子	动能 K/GeV	$\gamma=1+K/(mc^2)$	$v/c=(1-1/\gamma^2)^{1/2}$	动量 $P=\gamma mv/(\text{kg}\cdot\text{m/s})$
电子	2	4000	0.999999938	1.1×10^{-18}
质子	2	3	0.943	1.4×10^{-18}

3. 影响带电粒子束的主要作用力

进一步讨论影响带电粒子束(CPB)传播的主要作用力。以图 5-4 所示理想带电粒子束为研究对象,粒子束密度为 n 个/cm³,其中每个粒子电量为 q,速度为 v。这些粒子被限制在半径为 w、长度无限长的圆柱空间中。这些粒子产生的电场和磁场是怎么样的?这些场又如何影响粒子的运动呢?

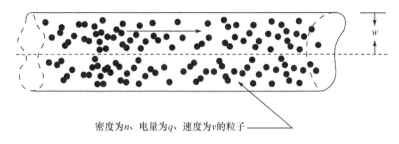

密度为 n、电量为 q、速度为 v 的粒子

图 5-4　理想化的带电粒子束

通过麦克斯韦方程分析电场可以发现,以某点至粒子束中心的距离 r 为参数,这些粒子产生的电场强度随 r 呈线性增长,直到在粒子束表面达到最大值:

$$E = nqw/(2\varepsilon_0) \tag{5-7}$$

当 $r>w$ 时,E 从最高值以系数 $1/r$ 逐渐降低。电场的方向为向外辐射,其产生的力将粒子向外推离,从而使粒子束扩散。这种现象是电荷相斥的结果。粒子束中的粒子带有同种电荷,因此互相排斥。

通过麦克斯韦方程分析磁场可以得出类似结论:这些运动粒子形成的电流会产生磁场。当 $r<w$ 时,磁场强度与 r 成正比;当 $r>w$ 时,磁场强度以系数 $1/r$ 逐渐降低;当 $r=w$ 时达到最高值

$$B = nqvw/(2c^2\varepsilon_0) \tag{5-8}$$

磁场方向环绕粒子束,造成一个向内的作用力,从而使粒子束趋向收缩。这种现象会造成两股平行电流相互吸引。

图 5-5 展示了上述电场和磁场,以及它们之间的相斥和相吸现象。由于电场和磁场的作用,粒子束表面的粒子受到的净作用力为

$$F = nq^2w(1-v^2/c^2)/(2\varepsilon_0) = nq^2w/(2\varepsilon_0\gamma^2) \tag{5-9}$$

该公式包含一个因式 $(1-v^2/c^2)$,因式的第一项代表相斥的电场力,第二项代表相吸的磁场力。由于 v 一般小于 c,式子中相斥力项占主要地位,因此粒子束趋向发散。这可以解释为什么中性粒子束(其中的粒子不带电,不互相排斥)更适合应用于真空。接下来我们还将解释带电粒子束在大气中传播时产生的其他现象会抵消上述相斥力,从而使带电粒子束更适合应用于大气环境。

为了考量上述电场和磁场的大小,假设图 5-4 所示带电粒子束中的粒子电量 q 等于电子的电量,密度 $n=10^{17}/\text{m}^3$,粒子束半径 $w=1\text{cm}$,速度 $v=0.9c$。利用上述值可以算出,粒子束表面的电场强度为 $E=nqw/(2\varepsilon_0)=9\times10^6\,\text{V/m}$,磁场强度为 $B=nqvw/(2c^2\varepsilon_0)=270\text{Gs}$(高斯,$1\text{T}=10^4\text{Gs}$)。与之相比,地球表面自然产生的电场和磁场分别在 100V/m 和 0.5Gs 数量级。达到 $3\times10^6\,\text{V/m}$ 数量级的电场足以引发地球大气的电击穿,从而产生闪电。显然,粒子束的电场和磁场是决定其现象的重要因素。

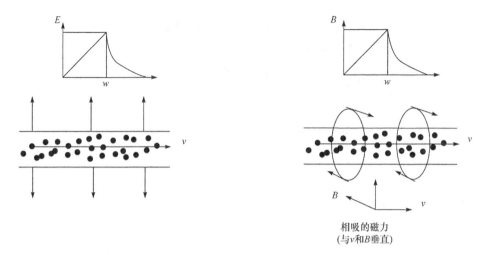

图 5-5　带电粒子束的相吸力和相斥力

4. 粒子束的特性

前面已经从粒子质量、密度、电量、速度等角度对粒子束进行了描述。这些基础参数可以代入麦克斯韦方程计算电场和磁场强度,并可代入作用力方程推算粒子与这些场的相互作用。但是这些参数并不是粒子束冲击领域常用的参数,如粒子束携带的电流、粒子束的能量以及粒子束的亮度等。如何将这些传统术语和上述基础参数关联起来,并加入与杀伤标准相关的参数,如粒子束向目标施加的焦耳数和瓦特数等。

电流强度常作为电流的度量,其单位为 A。1A 指一根导线中每秒流过 1C 电量。如图 5-6 所示,设想该电流是由一些带电粒子流过半径为 w 的导线而产生的。假设导线中粒子密度为 n 个/cm³,每个粒子电量为 q,那么每立方厘米的电量即为 nqC。此处的 nq 称为电荷密度,一般用 ρ 表示。图中的粒子速度为 v,则每秒有 nqvC 电量流过导线 1m² 的截面。此处的 nqv 称为电流密度,一般以 j 表示。导线中的电流强度,或每秒流过导线截面的总电量,即为 $I = \pi w^2 j = \pi w^2 nqv$。

当然,粒子束中的粒子并不受限于一根导线,但是它们一般沿直线流动,其半径相对清楚。因此,粒子流中的电流强度也可以视为

$$I = \pi w^2 nqv \tag{5-10}$$

前面用于计算表面电场的粒子束粒子密度为 10^{17} 个/m³,速度为 $0.9c$,电量为 1.6×10^{-19} J,则其对应的电流强度为 1360A。

除电流强度外,还需要其他的参数来描述粒子束的性质。根据式(5-10),增加粒子束密度、同时降低其速度,或者降低密度、同时增加速度,仍可以产生和原来

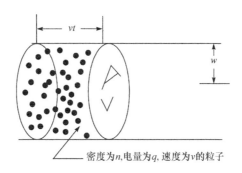

密度为n,电量为q,速度为v的粒子

图 5-6　电线中的电流

时间 t 内,长度为 vt 的一段电线内所有粒子将通过截面 A,通过的总电量为 $nqvtA$。由于
$A = \pi w^2$,单位时间内通过截面 A 的电量即为 $I = \pi w^2 nqv$

一样的电流强度。可以使用粒子的动能(以 eV 为单位)来解决上述不确定性。动能 K 和粒子的速度直接相关,其对应关系为 $K = (\gamma - 1)mc^2$。以上述粒子束为例,由于其中的粒子均为电子($mc^2 = 0.5\text{MeV}$),其速度值 $0.9c$ 对应的 γ 数值为 2.29,动能为 0.7MeV。

　　单个粒子的能量以及粒子束的电流强度如何与总能量、粒子束携带的功率等宏观参数关联起来? 如果每一个粒子的能量为 K,那么粒子束的能量密度即为 nK,这和每一个粒子电量为 q 时粒子束电荷密度即为 nq 的原理相同。电荷密度 nq 乘以粒子速度 v 即得出电流密度 nqv,同样,能量密度 nK 乘以粒子速度 v 即得出功率密度(或粒子束强度)

$$S = nKv \qquad (5\text{-}11)$$

如果 K 以 J 为单位,n 以个/cm³为单位,v 以 cm/s 为单位,那么 Knv 的单位即为 J/(cm² · s),或 W/cm²。这样,上述例子中($n = 10^{17}$ 个/m³,$v = 0.9c$,$K = 0.7\text{MeV}$)对应的能量密度即为 1.1×10^4 J/m³,对应的强度为 $S = 3 \times 10^8$ W/cm²。如果粒子束的总持续时间(脉宽)为 t_p,那么粒子束的辐照量即为

$$F = St_p \qquad (5\text{-}12)$$

　　表 5-2 给出了上述基础物理学、粒子束工程学、武器工程学之间的参数换算关系。表中描述的是理想粒子束,粒子之间的 K 和 v 严格一致。在现实中没有理想粒子束,现实粒子束中的粒子在标准值或平均值基础上仍有不同的能量和速度分布。因此,对粒子束的完整性质进行测量时,需要加入表示现实粒子束与理想状态之间偏差的参数,对表中的标准值参数进行补充。现实粒子束与理想状态之间最主要的偏差形式是粒子的速度方向有一大部分与粒子束运动方向垂直。这种情况下,粒子束就会发散,如图 5-7 所示随距离发散。

表 5-2　描述粒子束性质的不同参数

基础物理学	粒子束工程学	武器工程学
粒子电量 q	电流强度 I	粒子束强度 S
粒子束半径 w	动能 K	粒子束辐照量 F
粒子密度 n	脉宽 t_p	脉宽 t_p
粒子速度 v		

(a) 理想粒子束　　　　　　　　　(b) 现实粒子束

图 5-7　理想粒子束和现实粒子束速度比较

通过图 5-7 可以看到理想粒子束和现实粒子束的对比,理想粒子束中每个粒子的速度大小、方向都是相同的,在现实粒子束中每个粒子的速度大小、方向都有少许不同。方便起见,以理想粒子应有的速度 v_0 和代表与理想粒子之间偏差的附加速度 $v_\perp$ 之和表示单个粒子的速度 v。如果对粒子束中所有粒子的 $v_\perp$ 取平均值,并加以平方即 $v_\perp^2$,得到一个代表粒子束粒子偏离理想运动的平均程度的参数。进而,可以通过这个参数计算出"正交温度"(perpendicular temperature):

$$T_\perp = \gamma m v_\perp^2 / 2k \tag{5-13}$$

式中,k 为玻尔兹曼常数(1.38×10^{-23} J/K)。正如气体的温度是气体分子平均运动的一种量度,"正交温度"可以简单解释为粒子束粒子在粒子束传播正交方向上的随机运动产生的温度,由一部分随机能量除以玻尔兹曼常数而得来。自由粒子束的温度这个概念相当有用,据此可以参照理想气体的类似现象来研究粒子束运动和发散的某些方面。

其他两个描述现实粒子束与理想粒子束差别的参数分别是发散度和亮度。粒子束的发散度是粒子运动方向与粒子束中轴线夹角 $\theta = v_\perp / v_0$ 的平均值(参见图 5-7)。发散度为 θ 的中性粒子束在传播距离为 z 时,其半径 w 将扩大为 $z\theta$。但是在带电粒子束中,带电粒子产生的相吸力和相斥力是决定粒子束半径随距离变化的主要因素。因此,发散度对中性粒子束是有用的概念,对带电粒子束则并不那么适用。

粒子束的亮度是指每单位立体角上每单位横截面面积通过的粒子束电流强度,计算公式为

$$B_l = I/[\pi w^2(\pi\theta^2)] \tag{5-14}$$

式中，I 为粒子束的电流强度；w 为粒子束半径；θ 为粒子束的发散度。该参数与激光的亮度定义有所不同，但是它代表的基本概念依然是在多小的角度上可以传送多大的功率。电流强度是粒子束工程人员常用的概念，鉴于功率的概念是每单位时间内的能量，电流强度的概念是每单位时间内的电量，此处的电流强度可以等同于功率。功率和电流强度之间的对应系数是 K/q，其中 K 为粒子束粒子的动能，q 为粒子束粒子携带的电量。通过这个方法，可以将粒子束的亮度转换为激光的亮度，在这两者之间建立适当关联。

5.2.2　中性粒子束在真空中的传播

介绍完粒子束的相关术语和基本特性后，现在来讨论粒子束的传播。无论在自由空间（真空）中还是大气中，带电粒子束和中性粒子束的传播特性都是不同的。因此，将分别讨论上述各种情况，并从最简单的中性粒子束的真空传播开始。

发散度的概念足以解释中性粒子束的真空传播。当传播距离为 z 时，中性粒子束的半径将增加至

$$w = w_0 + z\theta \tag{5-15}$$

式中，θ 为粒子束发散度；w_0 为其自粒子加速器发射时的初始半径。由此推知，当传播距离为 z 时，粒子束的功率密度将以 $[w_0/(w_0+z\theta)]^2$ 为系数而降低。这意味着，固定输出功率密度的粒子束只能在有限传播距离内保持必需的功率密度，一旦超出这个距离，其功率密度将降低到不足以在可用时间内损毁目标的程度。

假设 $w_0=1cm$，在粒子束功率密度降低到不符合打击条件之前，其发散倍数不能超过 10。那么，在发散度 θ 已知的情况下，可以通过等式 $z\theta=10cm$ 来计算粒子束的最大射程 z。关于不同数值条件下 z 和 θ 的组合情况，参见图 5-8。由于真空传播只能发生在宇宙空间，本节重点关注近地空间区域。近地空间一般指在近地轨道高度（200km）和地球同步卫星高度（40000km）之间的空间范围。如果不想让粒子束尺寸扩散到超过通用目标尺寸，从而浪费能量，那么就要把粒子束半径限制在 10m 数量级物体尺寸之下。由图 5-8 可以看到，粒子束在近地空间中发散尺寸不超过 10m 时所需的发散度（达到微弧度量级或者更优）情况。

粒子束的发散度可由公式 $\theta=v_\perp/v_0$ 计算，其中 $v_\perp$ 为粒子在正交方向上的平均速度，v_0 为粒子束传播方向上的平均速度。通过这个公式，可以发现降低粒子束发散度的两种方法：降低 $v_\perp$，或提高 v_0。第二种方法是有上限的，无论能量多高，粒子束的速度都不可能超过光速。因此，要使粒子束发散度低于 $1\mu rad$，所需的 $v_\perp$ 必须低于 $10^{-6}c$，或 300m/s，这个比率近似于音速和光速的比率。很显然，要想让中性粒子束在不发生显著发散情况下进行传播，粒子束的纯度必须相当高，每一个粒子的速度与主束仅有微小偏差。当前的技术已经能够实现发散度约为 $1\mu rad$

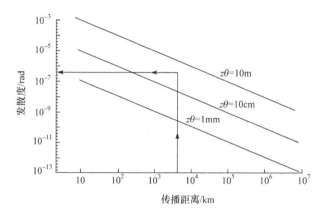

图 5-8　粒子束半径和发散度、传播距离间的关系

的粒子束,同时科学界也在努力进行降低发散度和提高有效传播距离方面的研究。

5.2.3　带电粒子束在真空中的传播

1. 静电排斥造成的粒子束发散

中性粒子束发散的原因在于单个粒子的运动差异。对于带电粒子束,除上述原因外,粒子间的互相排斥也是造成发散的重要原因。前面已经讲过,带电粒子束表面粒子所受的净作用力可由式(5-9)进行计算。该作用力的方向为向外辐射,因此会推动粒子向外分散,造成半径 w 的增加和密度 n 的降低。

带电粒子束半径 w 的增长不像中性粒子束那么易于计算,造成带电粒子束发散的作用力本身就取决于其半径。当半径 w 增长时,n 以 $1/w^2$ 为系数递减,粒子所受净作用力 F 也随之减少。粒子束表面附近粒子的运动公式为

$$F = \mathrm{d}P/\mathrm{d}t = \mathrm{d}(\gamma m v_\perp)/\mathrm{d}t \tag{5-16}$$

式中,$v_\perp$ 为粒子在粒子束正交方向上的速度,等于粒子束的半径 w 增长的速率 $\mathrm{d}w/\mathrm{d}t$。基于该方程,图 5-9 给出了粒子束相对半径 w/w_0 与时间之间的函数关系。其中的时间单位为 t_d,指半径从 w 变为 $2w$ 所需的"倍增时间"。

初始阶段,由于 $w/w_0 = (1 + t/t_\mathrm{d})^2$,粒子束的发散呈平方性变化。随着时间推进,电场相斥作用力降低,粒子束的发散逐渐线性化,半径开始以恒定速率增长。倍增时间 t_d 可由下述公式计算:

$$t_\mathrm{d}^2 = 4 m \varepsilon_0 \gamma^3 / (n_0 q^2) = 4 (mc^2)^2 c \varepsilon_0 \gamma^3 (\gamma - 1) \beta^3 / (S q^2) \tag{5-17}$$

式中,m 和 q 分别为粒子的质量和电量;n_0 为粒子束中粒子的初始密度。在该公式的第二种形式中,通过功率密度 S 来表现 n_0,计算公式为 $S = (\gamma - 1) mc^2 n_0 v$(单位为 $\mathrm{W/cm^2}$)。这种表现形式十分有用,因为它可以更直接地将功率密度(而非粒子

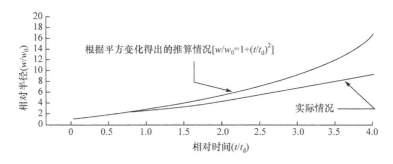

图 5-9　带电粒子束在真空中随时间发散情况

密度)与杀伤标准联系起来。倍增时间的表达式符合人们的直观印象。如果带电粒子束是由易于加速的轻粒子组成,或粒子束比较黏稠从而产生较大的静电斥力,那么它的发散速度将很快,所需的倍增时间随之降低。反过来,如果粒子束中的粒子更接近于相对论状态,那么粒子束的倍增时间将相对增加。这是由两方面原因造成的:随着相对论质量 γm 的增大,粒子对加速的阻抗也更大,同时磁场吸引力也对静电斥力产生更大的抵消。

　　将倍增时间 t_d 与粒子束的速度相乘,得出粒子束在倍增时间内的传播距离。从图 5-9 可以清楚地看出,在经过数个倍增时间后,粒子束将发散到无法作为定向能武器使用的地步。因此,可以使用 $z_d = vt_d$ 对带电粒子束在真空中的有效射程进行衡量。

　　图 5-10 展示了功率密度 $S = 10^7\,\mathrm{W/cm^2}$ 条件下,电子和质子的 z_d 与动能之间的函数关系。可以看出,静电相斥严重制约了带电粒子束在真空中的射程和效用。只有当能量超过 1GeV 时,有效射程才勉强接近天基粒子束系统可以发挥效用的距离。由于 z_d 随 $1/S^{1/2}$ 而变化,可见粒子束功率密度变化对它的影响微乎其微。这就意味着,无法通过降低粒子束功率密度的方法对图中所示情形造成大的改善,因为在降低功率密度的同时,还要满足在合理时间范围内损毁目标这一条件。因此,在空间应用方面,中性粒子束可行性更大。

2. 外部场造成的影响

　　带电粒子束不仅会受到自身产生的电场和磁场影响,任何外加电场或磁场都会对其造成影响,其中最主要的影响来自地球磁场。磁场对粒子的作用力既垂直于磁场方向,又垂直于粒子运动方向,此时粒子将沿曲线运动。

　　图 5-11 以电量为 q、质量为 m、速度为 v 的粒子为例,展示了当粒子运动方向和磁场方向互相垂直时的简单情形。在粒子运动的空间中存在一个强度为 B 的磁场,方向指向纸面。那么磁场对带电粒子产生的作用力和 B、v 均垂直,大小应

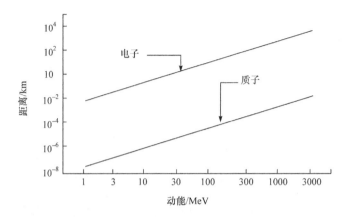

图 5-10　功率密度为 $10^7\,W/cm^2$ 条件下电子和质子的倍增距离

为 $qvB\sin\theta$，其中 θ 是 B 和 v 的夹角。

图 5-11　带电粒子在磁场中的运动

图 5-11 中，由于 B 和 v 垂直，因此该作用力大小为 qvB。该作用力将使粒子运动方向发生改变，而随着粒子的转向，该作用力也会改变方向，并始终与粒子的瞬时速度方向保持垂直，最终导致粒子做圆周运动。对于这种现象，可以用系在绳子上的石头来做类比，当抡起绳子时，石头始终会受到绳子向内的作用力，方向与石头的运动方向保持垂直，因此石头将做圆周运动。

在均匀磁场中带电粒子圆周运动的半径称为回旋半径，计算公式为

$$r_c = m\gamma v/(qB) \tag{5-18}$$

图 5-12 描述了当磁场强度为 0.5Gs（大致等于地球磁场强度）时，r_c 和电子、质子的粒子能量之间的函数关系。从图中可以清楚地看到，除非能量极高，否则粒子的回旋半径将不会达到人们希望带电粒子束所能达到的应用距离，这将使粒子束无法击中目标。显然，在粒子束的瞄准发射过程中，必须要考虑它在地球磁场中传播时发生的弯曲。

当然，地球磁场远比 0.5Gs 的均匀磁场复杂得多。大致来说，地球磁场中的粒子束不会沿着与磁场垂直的方向传播，它的指向将随经纬度和海拔高度而变化。实际上，由于受到太阳风（来自太阳的高能粒子）的影响，地球磁场会随季节和日期

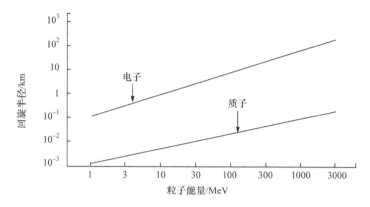

图 5-12　$B=0.5Gs$ 时回旋半径和粒子能量之间函数关系

而变化。鉴于无法精确了解和预测地球磁场的性质,在真空中发射带电粒子束至目标时,可能需要采用"边射边瞄"的方法:先大致估计粒子束的传播情况,发射后跟踪其轨迹,再据此做出修正。这个重复修正的过程与对激光采取的自适应光学措施相类似。

5.2.4　中性粒子束在大气中的传播

　　正如带电粒子束不适合在太空中应用,中性粒子束并不适合在大气中应用。这是由于粒子束中的中性粒子会和大气中的氧分子、氮分子以及其他物质分子发生碰撞。这些碰撞将使粒子束发生电离,失去保持中性所需的电子。因此,中性粒子束在大气中传播时将变成带电粒子束,而且这种转变后的带电粒子束质量并不高。这是由于碰撞在造成电离的同时也增加了粒子的侧向动量和速度,从而加大了粒子束的发散度。关于这个过程可以参看图 5-13。这种现象发生的概率及其对中性粒子束传播的影响均取决于大气的密度,当分子数量较多时更易于发生碰撞。因此,我们需要研究的一个关键问题是找出中性粒子束能够保持传播的最大空气密度或最低海拔。

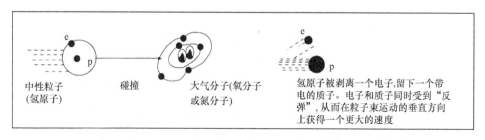

图 5-13　中性粒子束在大气中的碰撞电离

图 5-13 所示碰撞发生的概率取决于碰撞"截面积",一般用 σ 表示。假设图中所示分子的碰撞截面积为 σ(以 m^2 为单位),而每立方米的分子数目为 N。再假设中性粒子束的横截面积为 $A=\pi w^2$,穿过的大气厚度为 dz,那么它遭遇的分子数目将为 $ANdz$。这些分子覆盖粒子束横截面积的比例为 $ANdz/A=Ndz$。因此,在大气中传播 dz 距离后粒子束中发生碰撞的粒子比率为 σNdz。由于粒子束的流量和功率密度与粒子密度成正比,因此,上述两个量也将随碰撞出现同样比率的降低。例如,在传播 dz 距离后,粒子束流量 I 的减少量将为 $dI=-I\sigma Ndz$,推导得出

$$I=I_0 e^{-\sigma Nz} \tag{5-19}$$

即粒子束的流量随传播距离呈指数降低,当传播距离为 $1/(\sigma N)$ 时,流量将降低至初始流量的 $1/e$(大约 $1/3$)。因此,在大气传播条件下,中性粒子束的应用标准可以是保证设计射程在 $1/(\sigma N)$ 尺度或更短。

　　中性氢原子与大气中的粒子碰撞发生电离时的截面积如何计算? 鉴于大气主要由氧气和氮气组成,上述截面积应当是指与这些分子发生碰撞电离的截面积。可以通过图 5-14 来研究中性氢原子与氧、氮分子碰撞时电离截面积和动能之间的函数关系。当动能无法超过电离电位(从氢原子剥夺一个电子所需的能量为 13.6eV)时,电离截面积为零。超过这个能量后,电离截面积将迅速增加,在动能为 100keV 左右时达到数倍于 $10^{-16}\,cm^2$ 的最高值,随后逐渐减小,在 $1\sim10$MeV 降低大约一个数量级。由上述截面积的数值可以得出一个经验估计:原子或分子的"尺寸"大致在 $10^{-8}\,cm$。

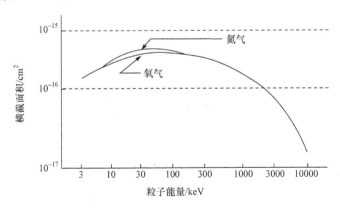

图5-14　氢原子在氮气或氧气中的电离截面积和动能之间的函数关系

　　根据图 5-14 可以估算使用单个粒子动能为 1MeV 的中性粒子束射击 100km以外目标时所需的最低海拔高度。根据上述假设条件,$1/(\sigma N)$ 必须大于 100km。从图中可以看出,当动能为 1MeV 时,氮气和氧气的电离截面积均为 $10^{-16}\,cm^2$ 左右。因此,在进行估算时,可以将氧气和氮气视为一体,从而将大气看成密度为

N、电离截面积为 $10^{-16}\,\mathrm{cm}^2$ 的均匀气体。由于 $1/(\sigma N)$ 必须大于 100km，与之相应，N 必须小于 10^9 个/cm^3。这个数值大约是海平面处大气密度（3×10^{19} 个/cm^3）的百亿分之一，这样的大气十分稀薄，对应的海拔高度也相当高。图 5-14 描述了大气密度和海拔高度之间的对应关系。从图中可以看出，10^9 个/cm^3 的大气密度对应的海拔高度大约为 200km，这是航天空间的高度范围。

以 z 为中性粒子束的预定射程，那么根据 $1/(\sigma N)>z$ 的标准，综合粒子能量与中性粒子束电离截面积的对应数据（图 5-14）以及大气密度和海拔高度的对应数据（图 5-15），可以推导出中性粒子束的最低应用海拔高度和射程、粒子能量之间的对应关系，见图 5-16。由图中可以明显看出，在合理的粒子能量和有效的射程条件下，中性粒子束的应用海拔高度被限制在 200km 左右及以上。显然，中性粒子束更适合在真空中应用，而非大气中。

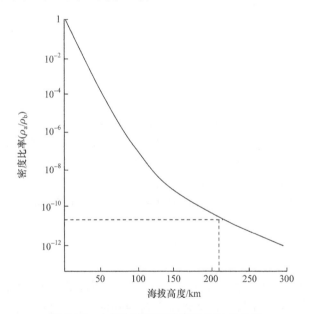

图 5-15　大气密度和海拔高度的对应关系

5.2.5　带电粒子束在大气中的传播

1. 电荷中和

从前面对带电粒子束发散过程的描述来看，似乎带电粒子束完全不适合长距离传播。然而事实却不是这样的，带电粒子束在大气中会经历一种称为"电荷中和"的现象。

电荷中和可以消除粒子束由于静电相斥产生的发散，其中的演变过程可参见

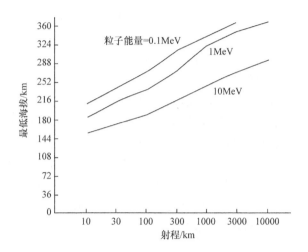

图 5-16　中性氢原子粒子束应用的最低海拔和粒子能量、射程间的对应关系

图 5-17。当带电粒子束进入大气时,会遭遇大气中的分子(图 5-17(a))。正如这些分子会通过碰撞使中性粒子发生电离一样,带电粒子束中的粒子可以通过碰撞电离这些分子。当带电粒子束穿过空气时,空气发生电离,从中性气体变成电离后的等离子体。大气等离子体中的带电电子和原子核可以自由运载电流(图 5-17(b))。由于带电粒子束中的粒子携带的电荷会产生强烈的电场,对刚刚被电离的大气粒子施加一个作用力。带有和粒子束中粒子同种电荷的大气粒子将受到排斥而远离束流,带有异种电荷的大气粒子则会被吸引进入束流(图 5-17(c))。上述作用的总体结果是在束流内部造成电荷中和,多余的电荷移向束流表面。这生动地说明了导电介质内部不存在电场这一总体规律。

　　电荷中和后的带电粒子束中的电荷分布情况和形成的径向电场可参见图 5-18。

　　电荷中和只有发生在粒子束因粒子相互排斥而发散之前,才能支持带电粒子束在大气中稳定传播。因此,有必要将电荷中和的时间比例与图 5-9 所示粒子束倍增时间(粒子束发散的时间比例)进行对比。

　　通过麦克斯韦方程,可以直接推导出在电导率为 Σ 的介质中,任何过量电荷的密度 ρ_0 将随时间呈指数性降低,公式为

$$\rho(t) = \rho_0 e^{-\Sigma t/\varepsilon_0} \tag{5-20}$$

　　电导率就是空间任一点的电场强度和最终形成的电流密度 j 之间的比例常数,公式为 $\Sigma = j/E$。由此可推知,在时间段 $t_n = \varepsilon_0/\Sigma$ 内,电荷密度将降低至原来的 $1/e$,此处的 t_n 可以称为电荷中和时间。电离气体的电导率为

$$\Sigma = ne^2/(mv) \tag{5-21}$$

式中,n 为电流载流子(主要是电子,因为电子质量较轻,与外加电场相互作用速

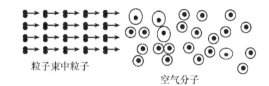

(a) 粒子遭遇空气分子

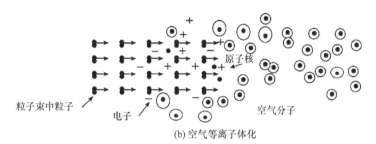

(b) 空气等离子体化

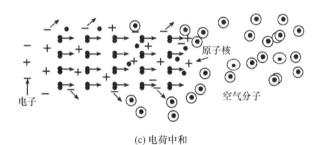

(c) 电荷中和

图 5-17　电荷中和的演变过程

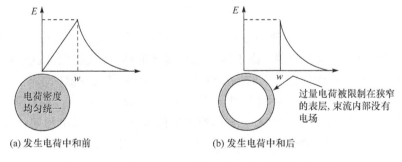

(a) 发生电荷中和前　　　　　　(b) 发生电荷中和后

图 5-18　电荷中和后电荷分布情况和形成的径向电场

度较快)的密度;e 和 m 分别为载流子的电量和质量;ν 则是电流载流子和阻碍它们流动的粒子(如正离子和中性分子)之间的碰撞频率,这个碰撞频率取决于背景气体的密度和电离程度。对于海平面高度发生单电子电离的空气,碰撞频率约为 10^{14} 次/s,得出的电导率即为 $8000\,\Omega/m$,对应的中和时间 ε_0/Σ 约为 10^{-15} s。

相比之下,从图5-9可以看出,同等条件下粒子束的倍增时间大约是中和时间的5倍。因此,海平面高度条件下,电荷中和发生的速度远快于粒子束发散速度。这意味着对于带电粒子束的大气传播,可以利用某些原理抵消粒子束发散的不良效果。

那么,海平面以上高度的情形又是怎样呢? 根据式(5-21),n 和 v 均与大气密度成正比,大致上来说电离空气的电导率不受海拔高度影响。但是在现实情况中,如果大气密度低于粒子束中粒子密度,电离空气将无法提供足够中和的电量,电荷中和就不会发生。根据式(5-10),推知粒子束中粒子密度为 $n=I/(qv\pi w^2)$。据此,可以拿大气密度和海拔高度的对应图(图5-15)与粒子密度进行比对,得出电流强度为 I、半径为 w 的粒子束能够传播的最大海拔高度,如图5-19所示。

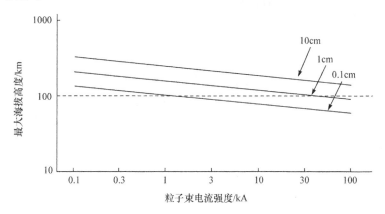

图5-19　带电粒子束发生中和的最大海拔高度与电流强度、
粒子束半径间对应关系

从图5-19可以看出,电流强度足够大、具有现实应用意义的带电粒子束只能限制在海拔200km以下使用。高于这个海拔高度的话,空气将变得过于稀薄,无法形成电荷中和,从而使粒子束的传播像在真空中一样受到发散的限制。有趣的是,中性粒子束的应用主要限制在海拔200km以上(图5-16),低于这个高度它们将会发生电离,从而失去完整性。于是,粒子束的现实应用可以清楚地分为两类:中性粒子束在太空中的应用,以及带电粒子束在大气中的应用。

2. 粒子束半径的变化

带电粒子束受到两种力的作用:向外推离的电场力和向内紧缩的磁场力。在大气中,电荷中和可以抵消电场力,然而,电荷中和并不会抵消磁场力。这是因为磁场力取决于电流强度,即使束流内部的净电荷(总体电量)为零,但由于束流中带电粒子的同向流动使得净电流并不为零。当束流中的粒子流过时,造成电荷中和的大气电子和离子相对而言处于静止状态。因此,电荷中和后粒子束在磁场力作用下将首先发生半径收缩。

当然,由粒子束自身磁场造成半径收缩不会一直持续下去。由于某种因素的作用,磁场力必然会受到抵消,产生一个平衡半径。该因素即是束流中粒子微小、随机的侧向速度分量。这种侧向运动是由粒子束加速器本身性能的浮动和不均匀性以及粒子与空气分子的碰撞造成的。如图 5-20 所示,当垂直于束流方向的运动产生的外向压力足以抵消内向的磁场力时,粒子束的半径将达到平衡状态。

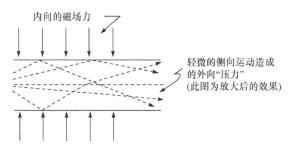

内向的磁场力

轻微的侧向运动造成
的外向"压力"
(此图为放大后的效果)

图 5-20　达成平衡半径的对抗作用力

在等离子物理学中,当内向的"磁场压力"和外向的动能"温度"相互对抗时,粒子束的平衡半径 w 如何计算是一类常见的问题。不仅在粒子束传播过程中会遇到此类问题,当带电粒子束受到外加磁场压缩时也会遇到此类问题,如在等离子体聚变反应堆中发生的类似情形。当带电粒子束在大气中传播时,由于粒子束的温度并不恒定,而是随着传播距离而增加,因此进一步增添了问题的复杂性。粒子束在穿过大气的过程中不断遭遇空气分子,两者之间发生相互作用,通过碰撞电离发生电荷中和。而在每一次碰撞中,单个粒子都会产生一些微小的侧向偏转。上述作用造成的结果是粒子束的温度在传播过程中不断升高。实际上来说,粒子束与作为传播介质的大气发生了摩擦。随着粒子束温度的升高,其内部压力同样升高,从而克服磁场力的压缩使束流半径增大。为了分析束流半径随电荷中和演变的过程,需要考虑粒子束的随机能量或"温度"增加速率,以及该能量在扩大束流过程中如何消耗。

可以通过使粒子束增加的能量与克服磁场力压缩向外扩散所做的功相等,进行简单估算。以图 5-20 所示情况为例,粒子束每单位长度上受到的总体压缩力 F 可以由单个粒子所受磁场力 $nq^2w\beta^2/(2\varepsilon_0)$ 与单位长度上的粒子数目 $\pi w^2 n$ 相乘而得出。根据粒子束电流强度公式(5-10),该压缩力也可由公式

$$F = I^2/(2\varepsilon_0 \pi w c^2) \tag{5-22}$$

计算。如果粒子束的温度增加,半径由 w 增大到 $w + \mathrm{d}w$,那么束流发散过程中所

做功的微小增量即为

$$dW = F dw = [I^2/(2\varepsilon_0 \pi c^2)](dw/w) \tag{5-23}$$

该表达式十分有用。由于总体电流强度 I 不受粒子束半径的影响,那么式中唯一的变量就是粒子束半径的变化比率 dw/w。

粒子束发散过程中所做的功应当等于粒子束在粒子和大气分子碰撞中所获能量。假设每个粒子的"正交能量"(公式为 $T = \gamma m v_\perp^2/2$)以 dT/dz 的速率增加,由于粒子束每单位长度上有 $\pi w^2 n$ 个粒子,那么当粒子束传播距离为 dz 时,每单位长度上能量的增量为

$$dE = \pi w^2 n (dT/dz) dz \tag{5-24}$$

考虑到粒子束的电流强度公式(5-10),上述公式也可以写为

$$dE = (I/qv)(dT/dz) dz \tag{5-25}$$

在累积的能量 dE 和束流发散过程中所做的功 dW 之间列等式,可以得出粒子束半径和传播距离之间的函数关系式:

$$[I^2/(2\varepsilon_0 \pi c^2)](dw/w) = (I/qv)(dT/dz) dz \tag{5-26}$$

由此可以很容易推算出

$$w(z) = w(0) \exp[2\varepsilon_0 \pi c^2/(Iqv)(dT/dz) z] \tag{5-27}$$

可见粒子束半径将随传播距离的增加而呈指数增长。当传播距离为

$$z_g = Iqv/[2\varepsilon_0 \pi c^2 (dT/dz)] \tag{5-28}$$

时,粒子束半径的增长率为 e(约等于 3)。鉴于粒子束的电流强度越高,使其紧缩的磁场力就更强,粒子束的加热速率越快,粒子束发散就越快,因此径向增长距离 z_g 将随电流强度 I 的增大而呈线性增长,同时与 dT/dz 成反比。

现在只需要给出 dT/dz 的估算,就可以完成上述分析。对该速率的推算过程虽然直接,但公式十分冗长:

$$dT/dz = 4\pi NZq^2 e^2 \ln Q/[\gamma m (4\pi\varepsilon_0)^2 v^2] \tag{5-29}$$

式中,N 是大气中分子的密度;Z 是与每个分子有关的电子数,粒子束中的粒子主要是与大气分子的轨道电子相撞,因此碰撞率与 NZ 成正比;q 是粒子束粒子所带的电量;e 是一个电子所带的电量,系数 $q^2 e^2$ 用以反映粒子电量越大,与环绕大气分子的电子之间的相互作用就越强烈;γm 是粒子束中粒子的相对论质量,质量越大,越接近相对论状态的粒子在与大气分子相遇时所受到的偏转越小;v 是粒子束中粒子的速度,由于粒子的速度越快,在单个大气微粒周围停留的时间就越短,受其影响的时间也越短,因此正交能量的增加速率与 $1/v^2$ 成正比。该公式中其他的量或为常数,或者变化很小,因此不必关注。关于 dT/dz 背后详尽的物理学原理,可以参考绝大部分的电磁理论著作。

将式(5-29)代入计算 z_g 的公式(5-28),从而得出粒子束的有效射程和粒子类型、能量、电流强度之间的函数关系式:

$$z_{\mathrm{g}} = [2\beta^3 \varepsilon_0/(Zcqe^2 \ln Q)](\gamma mc^2 I/N) \tag{5-30}$$

该射程与粒子束粒子的总能量和电流强度成正比,与大气密度成反比。

　　以海平面条件下、由兆电子伏能量级别的电子组成的粒子束为例,假设该粒子束电流强度为 1kA,那么 $\gamma = 3$,$mc^2 = 0.5\mathrm{MeV}$,$N = 3 \times 10^{25}$ 个/m^3,其有效射程 $z_{\mathrm{g}} = 0.42\mathrm{m}$。图 5-21 给出了射程和不同性质、不同能量级别的粒子束电流强度之间的函数关系。由图可见,对于带电粒子束,要在大气环境中达到有效射程,其电流强度必须很高,粒子的质量必须很大或接近相对论状态。举例来说,$\gamma mc^2 = 1\mathrm{GeV}$ 时,对应的粒子要么是动能为 1MeV 的质子($\gamma \approx 1$),要么是动能为 1GeV 的电子($\gamma \approx 2000$)。即使是在战术距离上进行射击,带电粒子束所需的最低电流强度也要达到数千安。图 5-21 所示结果是在海平面大气密度时获得的,会随 $1/N$ 成比例变化,因此当大气密度是海平面处密度的 1/10 时,粒子束的传播距离将是图中所示的 10 倍。

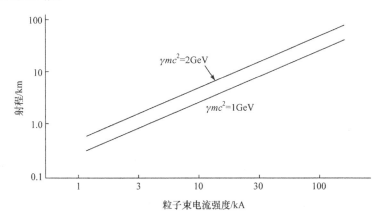

图 5-21　粒子束大气射程与电流强度、能量之间的函数关系

　　大体来说,带电粒子束传播路径上的大气密度会发生很大的变化。这种情况下,在计算粒子束半径和传播距离之间函数关系式时就不能把 $\mathrm{d}T/\mathrm{d}z$ 视为一个常量,而应将公式转换为

$$w(z) = w(0)\exp\left[2\varepsilon_0 \pi c^2/(Iqv)\int_0^z (\mathrm{d}T/\mathrm{d}z)\mathrm{d}z\right] \tag{5-31}$$

式中的积分取自传播路径。在低层大气(0~120km)中,大气密度随海拔高度呈指数变化。具体来说,海拔高度 h 处的分子密度 $N(h)$ 与海平面处的分子密度 $N(0)$ 之间的关系式为

$$N(h) = N(0)\exp(-h/h_0) \tag{5-32}$$

其中的常数 h_0 大约为 7km。鉴于 $\mathrm{d}T/\mathrm{d}z$ 同样与 N 成正比,可以认为海拔高度 h 处的 $\mathrm{d}T/\mathrm{d}z$ 数值等于海平面处的 $\mathrm{d}T/\mathrm{d}z$ 数值与 $\exp(-h/h_0)$ 的乘积。

如图 5-22 所示，假设一束带电粒子束以仰角 ϕ 射入大气。海拔高度 h 和粒子束射程 z、仰角 ϕ 之间的关系可用简单的几何算式 $h = z\sin\phi$ 来表示。利用 h 和 z 之间的关系式，可以计算任意射程 z 上的 $\int_0^z (\mathrm{d}T/\mathrm{d}z)\mathrm{d}z$，计算结果如图 5-23 所示。

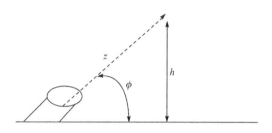

图 5-22　带电粒子束射程与海拔高度之间的关系

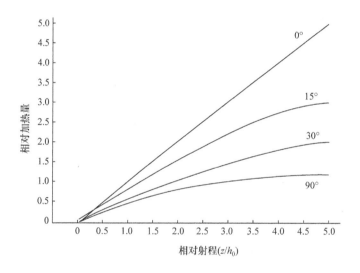

图 5-23　相对加热量与射程、仰角之间的关系

根据图 5-23，当射程小于 h_0（大气密度不发生显著变化的海拔高度范围）时，带电粒子束的加热和发散程度受仰角的影响较小。当射程超过 h_0 时，仰角则会造成显著的差别。当 $\phi = 0°$ 时，由于粒子束沿水平方向传播，路径上的大气密度为恒定值，相对加热量将随传播距离呈线性增长。当 $\phi = 90°$ 时，由于粒子束沿垂直方向传播，它在迅速穿出大气层后将不再发生因加热造成的发散。当仰角在 $90°$ 到 $0°$ 之间变化时，粒子束在大气中穿越的距离越来越长，总加热量也越来越大，接近极限值的时间也越来越长。

结合图 5-23 和粒子束发散公式(5-27)，可以在给出射程和仰角的情况下估算粒子束半径的增长。只需算出粒子束在海平面恒定密度大气中传播距离为 h_0 时 $(\mathrm{d}T/\mathrm{d}z)z$ 的数值，然后从图 5-23 中取相应的系数对该结果进行修正，最后将修正后的结果代入发散公式即可。举例来说,假设到某目标的射程为 $z=21\mathrm{km}$,粒子束发射仰角为 $30°$,相对射程为 $z/h_0=3$。从图 5-23 中得出上述条件下对应的相对加热量约为 1.5。式(5-27)中 $\mathrm{d}T/\mathrm{d}z$ 按海平面条件计算,$z=1.5h_0=10.5\mathrm{km}$。兆电子伏能量级别的电子束在海平面条件下的 $\mathrm{d}T/\mathrm{d}z$ 约为 $8.2×10^4\,\mathrm{eV/m}$,当粒子类型和能量级别不同时,该数值的变化比例为 $1/(\gamma mc^2\beta^2)$。

　　综上所述,随着带电粒子束在大气中的传播,其束半径将发生一系列变化。在最初一段较短的时间内,粒子束将因静电相斥而发散;随后发生电荷中和,粒子束的半径又开始收缩;随着粒子束的继续传播,粒子和大气分子碰撞产生的随机能量不断增加,粒子束半径将随距离增加而呈指数增长。图 5-24 对上述现象进行了概括,该图并非等比例绘制,实际上相对于粒子束后期持续发散的时间而言,电荷中和以及初期发生收缩时间都很短。

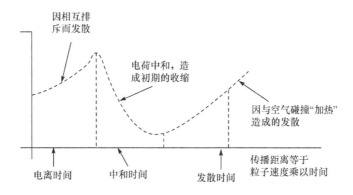

图 5-24　带电粒子束在大气中传播时的半径变化示意图

3. 能量损失

　　当带电粒子束在大气中传播时将与大气粒子发生碰撞,形成部分随机运动,在造成发散的同时,粒子束中的粒子也会损失一部分定向能量,因此,粒子的能量将随传播距离而减少。这些效应将会降低粒子束的强度,从而限制其作为系统应用时的有效射程。

　　粒子束在大气中传播时,主要通过以下两种机制损失能量:一种是电离,粒子因剥夺大气分子的电子而损失能量;另一种是辐射,粒子的偏转将导致一部分能量以电磁辐射的形式损失掉。因此,带电粒子束与大气的相互作用既有利也有弊。电离将把空气变成等离子体,出现电荷中和,从而有利于带电粒子束传播;但是,同时粒子束也因电离而损失一部分能量。粒子通过散射所获的“正交温度”可以防止粒子束半径过于缩小,从而使粒子束保持稳定;但是,同时粒子束也以电磁辐射的形式损失了一部分能量。下面依次讨论上述两种能量损失机制。

1) 电离

图 5-25 表示电离发生的过程。粒子束中的一个粒子从一个围绕空气中原子核旋转的电子附近穿过，两者之间的距离为 b。电离发生时，粒子对电子的作用使其脱离原来所属原子。每发生一次电离，粒子损失的能量不会低于电离电位——一个电子摆脱原子束缚所需的能量。电离电位一般为 $10\sim20\mathrm{eV}$ 数量级。

在许多高级电磁理论教材中都可以找到对电离能量损失机制的分析。其数学原理十分复杂，物理学原理却相对直白。上述分析的目的是计算出 $\mathrm{d}K/\mathrm{d}z$，即粒子束中的粒子在传播和通过电离原子损失能量的过程中自身动能的衰减速率。可通过以下两个步骤来进行该计算。

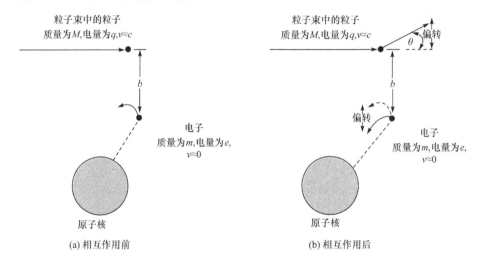

图 5-25　粒子束-电子间相互作用造成的电离

（1）计算出距离为 b 的单个粒子和单个电子一次相遇造成的能量损失 $\Delta K(b)$。比较明确地，$\Delta K(b)$ 应与 $(qe/vb)^2$ 成正比，即粒子的电量 q 越大，与电量为 e 的电子间的相互作用就越强烈；粒子的运动速度 v 越快，在电子周围停留的时间越少，受到的影响就越小；粒子与电子越接近（b 较小），它们之间的相互作用就越强烈。

（2）在 b 的可能范围内取 $\Delta K(b)$ 的平均值，根据粒子在不同数值 b 情况下相遇的电子数目进行加权。显然，得出的结果将取决于大气中的粒子密度 N，由此可知能量损失速率 $\mathrm{d}K/\mathrm{d}z$ 与 $N(qe/v)^2$ 成正比，在相对论能量（v 接近光速 c）条件下 $\mathrm{d}K/\mathrm{d}z$ 降至最低值。图 5-26 表示 $\mathrm{d}K/\mathrm{d}z$ 与 $(\gamma-1)$ 之间的函数关系，其中（$\gamma-1$）与粒子的动能成正比。

对于海平面处空气，$\gamma=2$，$q=e$ 时，$\mathrm{d}K/\mathrm{d}z$ 约为 $7\times10^5\mathrm{eV/m}$。在这样的能量损失速率下，一个 $1\mathrm{MeV}$ 的粒子能传播大约 $1.5\mathrm{m}$，一个 $1\mathrm{GeV}$ 的粒子能传播大约 $1.5\mathrm{km}$。从图 5-26 可以看出，在所有的相对论能量（$\gamma>2$）条件下，上述估算都是

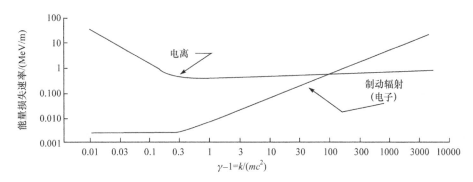

图 5-26　电离造成的粒子能量损失速率与粒子动能之间的函数关系

合理的；在非相对论能量条件下，上述估算值需按 $1/v^2$ 的比例进行缩放。鉴于 dK/dz 与 $N(qe/v)^2$ 成正比，可以根据大气密度和带电粒子种类的不同来对其进行比例缩放。同时，可以发现一个有趣的现象是，电离造成的 dK/dz 数值和粒子束中粒子的质量 M 并不相关，即相同条件下的电子和质子将以同样的速率损失能量。

2）辐射

当带电粒子束中的粒子遭遇大气中的粒子，从而受到侧向偏转或加速时，将向外辐射一部分能量。由于粒子损失能量后将降低速度，这种辐射称为"轫致辐射"。在很多教材中可以找到关于辐射能量损失机制的详细分析，这里仅对其进行简要的量化分析，以便对辐射能量损失过程有一个直观感受。

假设一个质量为 M、电量为 q 的粒子获得了垂直于其运动方向的加速度，那么，此时能量向外辐射的速率与加速度的平方成正比。鉴于粒子间距离越近相互作用力就越强，运动速度越快受力时间就越短，质量越大加速度就越低，粒子在垂直方向所受的加速度应当与 $qe/(vbM)$ 成正比。据此，可以列出辐射能量与距离 b 之间的函数式（图 5-26），并在 b 的可能数值范围内取平均值。

从图 5-26 可以看出，在非相对论能量条件下，轫致辐射与电离相比是一种次要的能量损失机制。然而，在相对论能量条件下，轫致辐射产生的 dK/dz 与 K 成正比，因此，在能量较高（$\gamma > 300$）时，轫致辐射对电子的影响远超电离。在较高能量状态下，轫致辐射产生的 dK/dz 表示为 $-K/z_r$，其中的 z_r 称为"辐射长度"，其数值与 $M^2/(Nq^4)$ 成正比。进一步可以求出

$$K(z) = K(0)\exp(-z/z_r) \tag{5-33}$$

粒子的能量随传播距离呈指数降低，当传播距离等于辐射长度时降低为初始值的 $1/e$。由于电子的质量很小，轫致辐射对电子造成的能量损失相比其他粒子要更多。对于在海平面空气中传播的电子，其辐射长度大约为 $0.3\mathrm{km}$，而同等条件下质子的辐射长度约为 $10^6\mathrm{km}$。因此，轫致辐射仅对电子来说是一种重要的能量损

失机制。

4. 电流损失

电离和轫致辐射导致粒子束中的粒子损失能量，但是只要粒子仍处于相对论状态，速度接近光速，粒子束的电流强度 nqv 就不受影响；与之相反，粒子束中的粒子与空气中的原子核之间的碰撞将降低粒子束的电流强度，仍在粒子束中的粒子能量不会改变，如图 5-27 所示。在核相互作用中，粒子束中粒子以很短的距离接近原子核，双方通过短距强核力发生相互作用[116]。由于电子不具有短距强核力，只有重粒子才会发生上述碰撞。

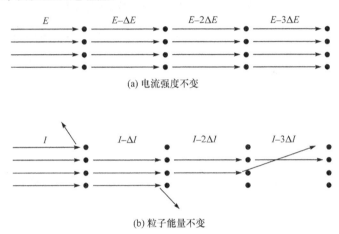

图 5-27　核子碰撞与电离、轫致辐射之间的对比

在每一次电离碰撞中，粒子将损失相当于电离电位数量级的能量（10～20eV）。由于粒子的能量在兆电子伏到吉电子伏之间，它需要经过许多次电离碰撞才能使自身能量衰减到脱离粒子束的地步。这种类型的相互作用相对频繁，因此粒子束中所有粒子几乎都以同样的速率 dK/dz 损失能量。与之相反，原子核仅占原子体积的很小一部分（约 10^{-12}），核相互作用相对比较罕见；然而，原子核几乎占据了整个原子的所有质量，相对于质量很小的轨道电子而言，原子核的散射作用更加强烈，核相互作用一旦发生，将导致粒子脱离粒子束。

核子碰撞对粒子束电流强度产生的效应取决于核子碰撞截面积。处于相对论状态的质子与原子序数为 A 的原子核相撞时，对其截面积的估计值为 $\sigma=4\times10^{-30}\,\mathrm{m}^2\times A^{2/3}$。对于原子序数为 14 的氮原子来说，该截面积为 $2.3\times10^{-29}\,\mathrm{m}^2$。与之相比，前面已经讲过中性粒子束中的粒子在大气中发生电离的截面积约为 $10^{-20}\,\mathrm{m}^2$。显然，核子碰撞发生概率远低于原子碰撞。此前已经知道，在密度为 N、分子碰撞截面积为 σ 的空气中，粒子束的功率密度或电流强度随传播距离呈指数降低,计算公式为式(5-19)。因此,在传播距离为 $z_N = 1/(\sigma N)$ 时,核子碰撞将导致电流强度降低至初始值的 $1/e$。对于海平面处的空气,$N = 3 \times 10^{25}$ 个/m³,则 z_N 约为 1.45km。由此可见,核相互作用对粒子束传播的影响不能忽略不计,在粒子束传播过程中计算其功率密度时必须考虑到这一点。在海拔高度升高时,由于 z_N 以 $1/N$ 为系数发生比例变化,核子碰撞的影响将逐渐变小。

5. 钻孔效应

粒子束的功率密度可由式(5-34)计算得出:

$$S = IK/(\pi q w^2) \tag{5-34}$$

式中,I 为粒子束的电流强度;K 为粒子的动能;q 为粒子的电量;w 为粒子束的半径。根据上述已知有许多现象可以影响该公式中的每个变量。表 5-3 对这些现象进行了概括,同时也给出了公式中的变量在海平面大气条件下发生明显退变所需的特征距离。当所有上述现象共同作用时,带电粒子束的射程会进一步缩短。

表 5-3 影响粒子束强度的主要因素

粒子束参数	影响因素	关系式	特征距离(海平面大气)
粒子束半径 w	发散	$w(z) = w(0)\exp(z/z_g)$	$z_g = 3$km(图 5-21)
单个粒子动能 K	电离	$K(z) = K(0) - (dK/dz)z$	$K/(dK/dz) \approx 1.5$km($K \approx$ GeV)
	韧致辐射(仅考虑电子)	$K(z) = K(0)\exp(-z/z_r)$	$z_r \approx 0.3$km
电流强度 I	核子碰撞(仅考虑重粒子)	$I(z) = I(0)\exp(-z/z_N)$	$z_N \approx 1.5$km

由于 z_g、z_r 和 z_N 与 $1/N$ 成正比,dK/dz 与 N 成正比,表 5-3 所列因素的影响程度将随海拔升高而降低。因此,如果能够降低传播路径沿线的空气密度,带电粒子束的传播距离有可能达到可用射程。由此引入"钻孔效应"这一概念。在钻孔效应中,粒子束首先对一条空气通道进行加热,通道中的热空气因扩散而密度降低,从而使粒子束能够传播更远距离。这个过程类似于高功率激光导致的热晕效应中发生的空气稀薄化过程。但是粒子束与空气的相互作用十分强烈,对空气的加热程度和造成空气密度的降低程度也远超激光。"钻孔效应"的发生过程见图 5-28。

粒子束在大气中传播时会因为电离和韧致辐射而损失能量。损失的大部分能量将造成传播路径沿线空气温度的升高。由于气体的压强和其温度成正比,气压也随着温度的升高而升高,产生的压力将空气推离粒子束中心,从而降低粒子束中心的空气密度。最终,形成一种准平衡状态:粒子束通道中的低密度空气和周围空气达到压力平衡。由于气压扰动以声速 $a(= 340$m/s)传播,发生钻孔效应所需的时间约为 w/a,其中 w 为粒子束的半径。对于半径为 1cm 的粒子束,该时间约为 $30\mu s$。

如果要在长距离传播中应用钻孔效应,所用的粒子束必须具有复杂的脉冲结

(a) 带电粒子束传播
通道中湿度和气压
升高

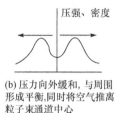

(b) 压力向外缓和,与周围
形成平衡,同时将空气推离
粒子束通道中心

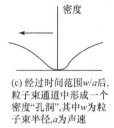

(c) 经过时间范围w/a后,
粒子束通道中形成一个
密度"孔洞",其中w为粒
子束半径,a为声速

图 5-28　"钻孔效应"的发生过程

构。这需要考虑到两个时间参数:一个是粒子束通道因受热降低至预期密度所需
的时间,另一个是热空气扩散至粒子束体积范围之外所需的时间。图 5-29 对这两
个时间参数进行了表示。

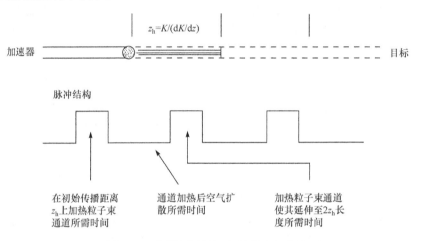

图 5-29　与"钻孔效应"相关的时间参数

　　粒子束最初射入大气时,由于受限于大气密度带来的能量损失,传播距离仅为
z_h,其数值为$K/(dK/dz)$,其中 K 为粒子的动能,dK/dz 是每单位长度上由电离
和韧致辐射产生的总能量损失。因此,此时只能加热长度为 z_h 的一段传播路径。
如果目标是将粒子束通道中的空气密度降低 10 倍,那么粒子束的持续时间必须足
以将通道中的温度提升 10 倍。之后粒子束应停顿一段长为 w/a 的时间,以使加
热区域扩散,降低空气密度。然后,粒子束再次发射。由于初始射程上的空气密度
已经降低,粒子束传播距离延长至大约 $2z_h$。接下来粒子束将加热最新遭遇的空
气、使空气扩散,不断重复上述过程,直到粒子束一段一段地打通通道击中目标。
如果到目标的总体距离为 z,那么在击中目标前粒子束需要加热并扩散 z/z_h 个通
道分段。因此,粒子束钻孔抵达距离为 z 的目标所需的时间为$(t_e+t_h)z/z_h$,其中
t_e 为每一段通道的扩散时间,t_h 为将每一段通道加热至预期温度所需时间。

根据前述已知,通道扩散时间 $t_e = w/a$,那么将每一段通道加热至预定温度的时间 t_h 如何计算呢?图 5-30 给出了计算的方法过程。以厚度为 Δz 的一段粒子束通道为例,粒子进入该区域时的动能为 K,离开该区域时的动能为 $K-(\mathrm{d}K/\mathrm{d}z)\Delta z$,进入该区域的粒子流量为 nv,因此该区域内每秒累积的总能量为 $nv(\mathrm{d}K/\mathrm{d}z)\Delta z\pi w^2$,每单位体积每秒累积的能量则为 $nv(\mathrm{d}K/\mathrm{d}z)$。每单位体积上的能量其实就是压强,因此如果将该区域的压强提高 10 倍,那么粒子束持续的时间必须满足以下条件:$nv(\mathrm{d}K/\mathrm{d}z)t_h = 10p_0$,其中 p_0 为初始(大气)压强。由此推知,所需的加热时间为 $t_h = 10p_0/[nv(\mathrm{d}K/\mathrm{d}z)]$。在海平面大气中传播时,密度为 $n = 10^{17}$ 个/m^3 的相对论粒子束($v \approx c$)的能量损失速率为 $\mathrm{d}K/\mathrm{d}z \approx 7 \times 10^5\ \mathrm{eV/m}$,此时 t_h 约为 $0.3\mu\mathrm{s}$。升温速率、能量损失速率和 t_h 之间的对应关系相对简单。由于 $\mathrm{d}K/\mathrm{d}z$ 和气压都与大气密度 N 成正比,因此 t_h 和海拔高度无关。

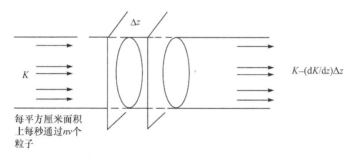

图 5-30　带电粒子束在空气中的能量累积

当然,现实情况中带电粒子束与大气的相互作用比图中所示要复杂得多。部分空气在加热时即已开始扩散,同时粒子束的能量和大气加热速率也会在射程 $z_h = K/(\mathrm{d}K/\mathrm{d}z)$ 范围内递减。然而,一般来说,加热时间与扩散时间相比较短(例如,对于半径 1cm 的粒子束,加热时间为 $0.3\mu\mathrm{s}$,扩散时间为 $30\mu\mathrm{s}$),因此仍可以将粒子束与空气的相互作用以及随后的扩散过程视为不连续发生的。

6. 非均匀大气的影响

在讨论粒子束的发散时,用一个密度随海拔升高呈指数降低的简单大气模型来研究非均匀大气的影响。该方法也可以用于研究非均匀大气对电离、轫致辐射和核子碰撞的影响,所用的数学公式比较简单(表 5-4),其中相对深度 $D = \int_0^z N(z)\mathrm{d}z/(N_0 h_0)$,取值见图 5-31。表中出现的带有"0"下标的几个量(电离损失速率 $\mathrm{d}K/\mathrm{d}z$、辐射长度 z_r 和大气密度 N)均取的是粒子束传播的初始海拔(一般为海平面)条件下的值。

表 5-4　非均匀大气对粒子束能量和电流损失的影响

影响因素	海平面条件	非均匀、指数变化的大气条件
电离	$K(z)=K(0)-(\mathrm{d}K/\mathrm{d}z)_0 z$	$K(z)=K(0)-(\mathrm{d}K/\mathrm{d}z)_0 D$
轫致辐射	$K(z)=K(0)\exp(-z/z_\mathrm{r})$	$K(z)=K(0)\exp(-D/z_\mathrm{r})$
核子碰撞	$I(z)=I(0)\exp(-N_0\sigma z)$	$I(z)=I(0)\exp(-N_0\sigma D)$

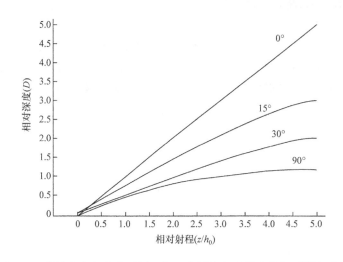

图 5-31　非均匀大气条件下用以修正能量和电流损失的相对深度系数

7. 非线性效应(不稳定性)

最后一种能够影响带电粒子束大气传播的现象是粒子束的不稳定性。电离、轫致辐射和核子碰撞都是一对一的效应,由粒子束中单个粒子和大气中单个粒子的相互作用产生。与之相反,粒子束的不稳定性源自集体效应,粒子束中所有粒子一起发生作用,最终导致粒子束的崩溃。有一种不稳定现象是粒子束和传播环境之间的非线性反应造成的,这种反应使粒子束参数上的微小扰动不受限制地增加,最终不稳定现象破坏了粒子束的集束性,使其无法传播。这种现象类似机械系统的共振,可以用校车来打比方,校车振动的自然频率取决于自身质量和减振系统。在前进过程中,校车会因为路上的起伏或乘客的运动而前后晃动。但是,上述运动和校车的自然振动频率并不一致,因此这些扰动会逐渐消失,不会影响到校车的运动。然而,如果校车上的学生一起摇摆,频率和校车的自然振动频率一致,那么他们造成的扰动将会增加校车每个振动周期的位移,最终使校车倾翻,无法前进。在合适条件下,粒子束的扰动同样可以造成与粒子束自然频率相一致的反馈,从而放大扰动效果,使粒子束无法传播。

很多有关粒子束和粒子束大气传播的著作,都提到了粒子束的不稳定现象。

相比之下,研究粒子束在什么设计条件下能够稳定传播要比研究粒子束在什么条件下会发生不稳定现象更有现实意义。带电粒子束在有效射程上的稳定传播仍有待论证,它的不稳定区域、不稳定性的增长速率以及如何设计粒子束才能避免不稳定等都是当下仍在研究的内容。因此,这里无法对可能发生的不稳定现象以及避免不稳定的技术进行详细的概括,只能对当前研究认为对粒子束大气传播有限制作用的两种不稳定现象进行性质上的描述,同时给出一些关于如何避免这些不稳定现象的线索。

1) 挠性水管式不稳定现象

粒子束中粒子与其自身磁场之间的相互作用会造成挠性水管式不稳定现象。由于发射装置瞄准目标时的抖动等原因,粒子束的发射方向会受到一个微小的侧向扰动,从而造成这种不稳定现象。如图 5-32 所示,为了便于理解,用喷射水流的消防水管来做比方。假设水管上某处发生了小小的扭曲,水流会产生一个作用力,将水管再次绷直。而如果该作用力过大,则会在反方向造成一个更大的扭曲。这种破坏性的作用和反作用重复发生数轮之后,水管将会扭成一团,无法有效地喷射定向水流。这也可以解释为什么需要一组消防员来把握消防水管,使之指向正确的方向。

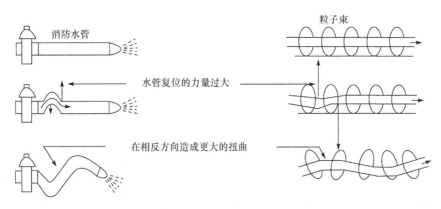

图 5-32 带电粒子束的水管式不稳定现象

对于带电粒子束,环绕磁场发挥的作用与水管对水流的作用相类似,它对粒子束起约束作用,将粒子压缩在一个狭窄通道内,阻止粒子束因为随机侧向运动(正交温度)而发散。一旦粒子束发生扭曲,立即会有一个复原作用力产生,将粒子束拉回原有路径。然而,如果复原作用力过大,就会在相反方向造成一个更大的扭曲。在合适条件下,微小的扭曲将随时间不断增强,最终使粒子束丧失集束性。

了解了水管式不稳定现象的性质之后,进一步对其增长机制进行研究,从而弄明白如何设计粒子束才能避免不稳定。粒子束的"水管"即是约束粒子束中粒子的环绕磁场。根据麦克斯韦方程式的推论,磁场在等离子体背景中将被"冻结",即如果一个磁场存在于等离子体中,那么即使产生磁场的源头发生了移动或衰减,该磁场仍保持不变,并停留在等离子体中的固定位置。从物理学上来说,这种现象的原理是当等离子体在磁场中发生相对运动时,会对等离子体中的带电粒子产生作用力,从而引起感应电流,反过来再形成一个和原始磁场相同的磁场。从外界观察者的角度来看,这就好像是原来的磁场保持不变、冻结在等离子体中一样。当然,这种情况无法一直保持下去。最终,冻结磁场的感应电流会因等离子体中的电阻而衰减。随着感应电流的衰减,磁场将会解冻,恢复到等离子体外界电流决定的位置和数值。

上述效应和挠性水管式不稳定现象有什么关系呢? 大气中的带电粒子束是在电离空气的等离子体背景中传播的,当粒子束发生扭曲或粒子束发生侧向运动时,环绕磁场不会立即随之移动,而是停留在背景等离子体中的固定位置。粒子束和其环绕磁场之间这种不一致关系将会产生复原作用力,使粒子束返回初始方向。如果粒子束发生扭曲后,其环绕磁场永久性地冻结在背景等离子体中,那么就不会有什么问题发生。复原作用力会将粒子束拉回原来位置,粒子束可能会像钟摆一样在初始位置上左右振荡,但不会发生不稳定现象。然而,环绕磁场不会永久性冻结,随着时间推移,磁场开始解冻,重新与生成磁场的粒子束会合。但是此时粒子束的扭曲已经向前移动,磁力线在粒子束先前“没有扭曲”的位置向下移动,对粒子束造成干扰,从而形成另一个扭曲。粒子束扰动和环绕磁场响应之间的延迟将造成粒子束和其磁场之间的异相反馈,从而形成不稳定。这就是把这种不稳定称为挠性水管式不稳定现象的原因,正是背景等离子体的阻滞性造成了延迟响应,从而形成不稳定。

鉴于上述不稳定现象是由粒子束各部分之间的反馈产生的,可以通过将粒子束切成数段的方法来避免不稳定。切分的每一段粒子束长度都比较短,不足以使不稳定性发生增强,同时各段之间相隔的时间都比较长,足以使任何冻结的磁力线解冻,因此每一段粒子束进入传播环境时都不会受到前一段的影响。其原理如图 5-33 所示,为了实施该方法,必须根据相应的粒子束和大气参数,对所需的粒子束分段长度(脉宽 t_p)和间隔时间 t_s 进行量化。

所需脉冲间隔时间 t_s 的计算比较简便。假设某磁场的特征尺寸为 w,被冻结在电导率为 Σ 的背景等离子体中,如果此时引发该磁场的电流消失,则磁场强度将随时间衰减,公式为 $B = B_0 \exp(-t/t_d)$,其中 $t_d = \Sigma w^2/(c^2 \varepsilon_0)$ 称为磁场扩散时间。关于 t_d 的公式可以在物理上理解为:对于电阻较低(电导率较高)的等离子体,磁场 B 解冻的时间相对较长,如果磁场的物理尺寸较大(w 较大),那么磁场存在的时间也相对较长。以海平面处电离空气的电导率特征为假设条件,此时对半径为 1cm 的粒子束来说,$\Sigma = 8.4 \times 10^3 \, \Omega/m$,$t_d = 1\mu s$。因此,在上述条件下,图 5-33 所示脉冲间隔应为数微秒,粒子束的关联磁场将在脉冲间隔中衰减为 0。由于脉

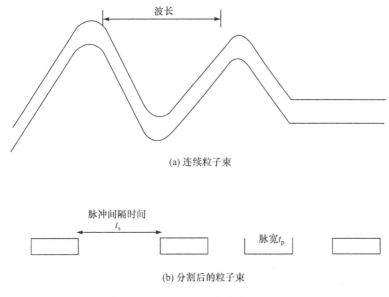

(a) 连续粒子束

(b) 分割后的粒子束

图 5-33　通过分割粒子束防止不稳定

冲和大气密度 N 成正比,上述脉冲间隔也会随海拔高度、大气密度不同而呈比例变化。

图 5-33 所示脉宽 t_p 又该如何计算?只有达到一定的特征波长,粒子束的不稳定性才能增强。该波长即是磁场扰动和前进粒子束的相关响应之间的距离。显然,选择的脉宽应使每段粒子束的长度 vt_p 小于上述波长。如此一来,每一段粒子束的长度都不足以使不稳定性发生增强。该波长(或不稳定性得以增强的距离)的计算方法十分冗长,需先假设粒子束在给定波长上发生扰动,然后再研究此种条件下磁场和粒子束响应之间的关系式,推算该扰动将会增强还是减弱。通过分析可以得出:足以使水管式不稳定性发生增强的波长和 $(vE/I)^{0.5}w$ 是成正比的,其中 v 是粒子束中粒子的速度,E 是粒子的总能量 γMc^2,I 是粒子束的电流强度,w 是粒子束的半径。当 $v=0.9c$、$E=2\mathrm{GeV}$、$w=1\mathrm{cm}$、$I=1\mathrm{kA}$ 时,该波长为 4m。这意味着,对于符合上述参数的粒子束,其脉宽必须小于 $4\mathrm{m}/(0.9c)=15\mathrm{ns}$。因此,对于由吉电子伏级别的粒子组成的、电流强度为 1kA 的粒子束,为了防止水管式不稳定现象,必须将粒子束分割为时长为数纳秒的小段,段与段之间前后间隔数微秒。当粒子束尺寸、电流强度和能量数值不同时,可以通过上述关系对分割情况进行调整。

2)腊肠式不稳定现象

挠性水管式不稳定现象源于发生在粒子束垂直方向上的扰动,而腊肠式不稳定现象则源于发生在粒子束纵向上的密度扰动。当粒子束感应磁场的收缩力和粒子束正交温度造成的外向压力形成平衡时,粒子束会达到一个平衡半径,其中外向压力和内向的磁场力都取决于粒子束的粒子密度 n。一旦粒子束中某处的粒子密度变大,其外向压力也随之增大;与此同时,由于磁场被冻结在背景等离子体中,内向的收缩力无法立即响应外向压力的变化。因此,该处的粒子束半径开始增大。一段时间后(以磁场扩散时间 t_d 为数量级),磁场开始响应粒子密度的变化,强度相应增大;然而此时粒子束中密度增加的部分已经向前运动,磁场力发生响应的位置变成当前密度没有增加的位置。于是,该位置上的磁场压缩力就超过了粒子束的外向压力,从而使粒子束半径缩小。在这种情况下,粒子束将反复发生扩张和收缩,变成如图 5-34 所示那样一串腊肠状的模样。

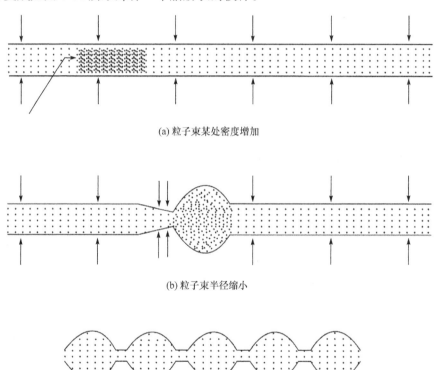

(a) 粒子束某处密度增加

(b) 粒子束半径缩小

(c) 粒子束腊肠状的扰动

图 5-34　腊肠式不稳定现象的形成过程

与应对水管式不稳定现象的方法类似,为了防止腊肠式不稳定现象,同样可以将粒子束分割成以数倍磁场扩散时间为间隔的小段,每一段的长度均不足以使不稳定性发生增强。总体来说,腊肠式不稳定现象对粒子束脉宽和间隔时间的限制不像水管式不稳定现象那么严重,因此,只要粒子束的参数能够防止水管式不稳定现象,也就能同时防止腊肠式不稳定现象。然而,对不稳定现象及其增强标准、规避技术等进行理论分析是一件十分复杂的事情,当前的计算方法都建立在一些简化的假设基础之上。因此,对粒子束的理论推测仍需通过详细的实验过程来进行验证和延伸。受加速器技术水平的限制,当前还无法对粒子束的传播进行全面的研究,也无法对理论推测进行全面的验证。事实上,在开发设计高能强流加速器方面遇到的最大问题正是加速器本身的不稳定性。

综上所述,大气传播对带电粒子束的能量、电流强度和脉冲结构均有严格要求。如果想要最大限度地降低能量损失,粒子就必须处于相对论状态;如果想要最大限度地降低发散,所用粒子束的电流强度就必须很大;如果想要实现“钻孔效应”、避免不稳定,就必须使用非常复杂的脉冲结构,如图 5-35 所示。由于粒子束的大气传播比较复杂,真空传播相对简单,粒子束的太空应用是一个重要的研究方向。当然,只有中性粒子束才能在太空中应用,在这方面面临的主要技术问题是如何降低粒子束的发散度,使粒子束能在预期射程上与目标作用。然而,太空应用所需的传播距离较远,因此面临的这一技术问题并不是小问题。不过,上述问题主要是技术和工程方面的问题——降低发散度、使加速器和其他相关设备进入轨道等。与之相比,在大气应用中面临的主要问题是物理学问题,无法克服麦克斯韦方程和爱因斯坦的理论,因此必须考虑到物理学定律对粒子束的诸多限制。

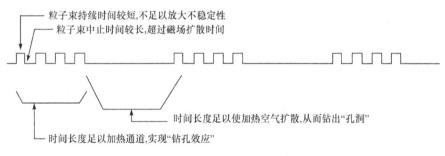

图 5-35　实现“钻孔效应”、避免不稳定所需的粒子束脉冲结构

5.2.6　粒子束与目标相互作用

1. 能量累积和流动

了解了粒子束的传播特性后,就可以进一步研究它们与目标的相互作用了。粒子束向目标施加能量的机制与其在空气中损失能量的机制是一样的:电离、轫致辐射、核子碰撞。两种机制之间唯一的区别是目标材料的密度一般要大于空气。由于所有的能量损失机制都和粒子束遭遇的分子密度成正比,需要按比例对空气中能量损失的相关分析结果进行调整。但是从本质上来说,粒子束与目标的相互

作用与它们和大气的相互作用并无区别①。

从目标的角度来说，带电粒子束和中性粒子束的效果都是一样的。虽然这两种类型的粒子束传播环境不同——带电粒子束在大气中传播而中性粒子束在真空中传播，但是在与目标的相互作用方面，它们的效果是相似的。这是由于中性粒子束与目标接触时$(1/(N\sigma)\approx3\mu m)$马上就会发生碰撞电离，而电离所需的微小能量$(\approx10eV)$对粒子的总能量来说微乎其微。

尽管固体目标的密度比气态大气要大，但是从粒子束能量损失的角度来说，空气的厚度往往比目标厚度要大。举个例子，假设一束粒子束击中 1km 处 10cm 厚的目标，空气密度约为 $10^{-3}\,g/cm^3$，固体的密度一般在 $1g/cm^3$ 数量级，粒子束在固体中每单位长度上遭遇的分子数大约是空气中的 1000 倍。然而，即使在 1km 这么短的射程上，粒子束到目标的传播距离依然是目标厚度的 10000 倍。这意味着，粒子束在传播路径上遭遇的分子数目是在目标内部遭遇分子数目的 10 倍，在传播过程中损失的能量也是与目标相互作用损失能量的 10 倍。由此可知，粒子束不像其他定向能武器一样，需要过多地考虑与目标的相互作用。对于在大气中传播的粒子束，只要其能量能够支持粒子束传播到目标，就足以损毁目标。对于在太空中传播的粒子束，除粒子束发散带来的能量损失外，传播过程中没有其他能量损失，因此在设定粒子束参数时应主要考虑杀伤要求。

前面已经讲过，相对论粒子在大气中传播时，因电离造成的能量损失速率为 $7\times10^5\,eV/m$。如果粒子为电子，还将因轫致辐射造成额外的能量损失；如果粒子为重粒子，也将因核子碰撞造成电流损失。虽然在分析某一类型的粒子束对某一具体目标的能量施加过程时必须考虑上述所有效应，但仍可以仅通过电离能量损失来研究粒子束-目标相互作用的一般特性。固体物质的密度大约是海平面处空气的 1000 倍，而能量损失速率和密度成正比，因此相对论粒子在固体中的能量损失速率约为 $7\times10^8\,eV/m$ 或 7MeV/cm。以该能量损失速率为条件，可以得到图 5-36 表示的粒子束射程与其能量间的对应关系。可以看到，图 5-36 所示的射程超过绝大部分目标的厚度。这意味着粒子束将深深地穿入目标，部分粒子甚至可能穿透目标。这和激光正好相反，激光光束只在目标表面很薄的一层施加能量。从损毁目标的角度来说，粒子束的上述特性意味着它可以迅速到达并击中目标的致命部位，在很短时间内对目标造成严重破坏。而激光则必须加热、烧熔并穿透目标的表层才能抵达上述致命部位。

---

① 这一点与激光的情形相反，激光与目标的相互作用方式和激光与空气的相互作用方式大大不同。这是因为目标对激光的反应是由目标分子的聚合效应所决定的；然而，与相对论粒子的能量相比，固体分子间的束缚能量较小，无法对粒子束和目标间的相互作用产生影响。

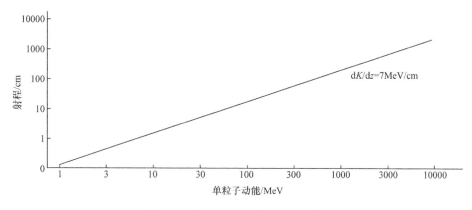

图 5-36　粒子束在固体目标内的射程

接下来讨论粒子束在目标内部形成的能量流动过程。对于激光,最主要的能量流动是从目标表层到目标内部,而粒子束对目标有良好的穿透性,其造成的能量流动主要是从能量累积部位向外辐射,二者的对比关系如图 5-37 所示。

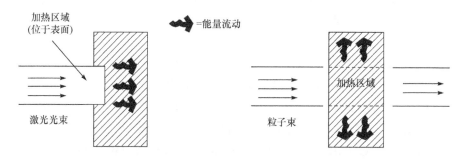

图 5-37　激光与粒子束能量在固体目标内累积和流动的对比示意

从加热部位向外的能量流动会给粒子束与目标作用带来怎样的限制要求呢?用图 5-38 来表示粒子束与目标作用达到稳态时的能量累积和损失情况。前面已经讲过,粒子束的功率密度计算公式为 $S=nKv$,其中 n 为粒子束中粒子密度,v 为粒子的速度,K 为粒子的动能。当穿透厚度为 d 的目标时,粒子的平均能量损失为 $(dK/dz)d$,因此粒子束的功率密度将降低为 $nv[K-(dK/dz)d]$。这意味着粒子束在固体中的能量累积速率为 $dS/dz=nv(dK/dz)$,由于粒子束穿过目标的体积为 $\pi w^2 d$,这一区域的总能量累积速率为 $\pi w^2 dnv(dK/dz)$。

进一步研究能量如何通过热传导或辐射从受照射区域向外传输。热传导在某一表面形成的能流密度(单位 W/cm²)可通过公式 $u=-k(dT/dx)$ 来计算,其中 k 为导热系数,dT/dx 为温度随距离变化的梯度。如果从底部观察图 5-38(a)所示的目标,其径向温度剖面将如图 5-38(b)所示。径向方向上的温度梯度为 dT/dr,其数量级为 T/w,其中 T 为粒子束体积内的温度,w 为粒子束的半径。最终通过

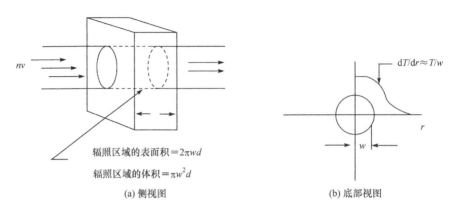

辐照区域的表面积$=2\pi wd$

辐照区域的体积$=\pi w^2 d$

(a) 侧视图　　　　　　　　　　(b) 底部视图

图 5-38　粒子束与目标作用达到稳态时的能量累积和损失情况

能量累积区域表面进入周围目标材质的能流密度大约为kT/w。由于该区域的侧表面积为$2\pi wd$,能量将以$2\pi wd(kT/w)$的速率从辐照部位向外流动。此外,能量还会以辐射的形式从目标的前后表面损失。假设目标为黑体,其向外辐射的功率密度为σT^4,那么因辐射产生的总能量损失速率应为$2\pi w^2 \sigma T^4$,其中σ为斯特藩-玻尔兹曼常数(约$5.67\times10^{-12}\,\text{W}/(\text{cm}^2 \cdot \text{K}^4)$)。

至此,可以在能量累积速率和损失速率之间列等式,计算出在什么温度条件下能量损失和累积速度一样快。对于热传导,该温度的计算公式为$T=\pi w^2 nv(dK/dz)/(2\pi k)=I(dK/dz)/(2\pi kq)$,其中$I$为粒子束的电流强度,计算方法为$I=\pi w^2 nqv$。对于辐射,该温度的计算公式则为$T=[dI(dK/dz)/(2\pi w^2 \sigma q)]^{1/4}$。假设$q=1.6\times10^{-19}\text{C}$,$(dK/dz)=7\text{MeV/cm}$,$w=1\text{cm}$,$k=2.4\text{W}/(\text{cm}\cdot\text{K})$(铝的导热系数),则可得到上述温度与粒子束电流强度之间的关系如图 5-39 所示。

粒子束击中目标后将导致目标温度上升,直至发生以下两种情况之一:目标熔化,或能量损失速率与能量累积速率达到平衡。绝大多数目标材质的熔点在3000K 数量级,结合图 5-39 可以看出:对于几乎所有可实现的粒子束,它们都可以在热传导和辐射效应平衡目标温度上升之前熔化目标。这意味着,几乎不需要考虑目标受热区域向外的径向能流和目标表面向外的辐射对温度的限制。高电流强度、高能量的粒子束向目标施加能量的速度很快,以至于能量损失机制无法影响粒子束与目标的相互作用。从实际意义上来说,一旦能量累积到足够程度,目标辐照区域即可视为熔化,甚至气化。下一步就来讨论粒子束熔化目标辐照区域所需的时间。

2. 相互作用时间

从粒子束损毁目标的角度来说,有两个时间段比较重要——一个是粒子束照

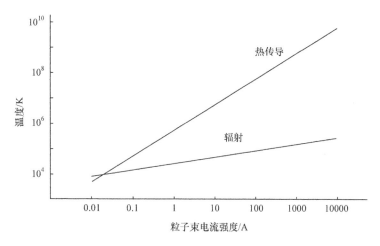

图 5-39　目标温度与电流强度之间的关系

射时间,指为损毁目标所需的粒子束持续照射目标的时间;另一个是损毁作用时间,指目标内部累积必要损毁能量所需的实际时间。一般来说,带电粒子束的这两个时间并不相同。这是因为必须考虑粒子束大气传播中的一些限制,如实现钻孔效应或防止不稳定性所需的粒子束脉冲间隔时间也应当计入粒子束照射时间,而不属于损毁作用时间。即使对于中性粒子束,由于加速器设计上的限制,其脉宽长度也无法随意延长,只能采用多重脉冲来照射目标。如果粒子束脉冲间隔时间与脉宽时间相比过长,热传导或辐射效应将会影响辐照区域内部的能量密度,从而延长作用时间。

一般情况下损毁作用时间有多长呢? 根据前面知识已知:能量累积速率的计算公式为 $dS/dz=nv(dK/dz)=I(dK/dz)/(\pi w^2 q)$,熔化目标材质所需的能量密度为 $\rho(CT_v+L_m+L_v)\approx 10^4 J/cm^3$。因此,将目标加热至熔点所需的时间 t 可由所需能量与能量累积速率的比值得出,即 $t=\rho(CT_v+L_m+L_v)\pi w^2 q/[I(dK/dz)]$。图 5-40 表示了某些情况下该时间与粒子束电流强度、半径之间的关系。由图可见,10kA、半径 1cm 的粒子束可在 $1\mu s$ 左右熔化目标,作用时间非常短。然而,即使射程较短,所需的粒子束照射时间依然相对较长。例如,前面讲过的为了避免水管式不稳定现象,粒子束必须被分割为长约 1ns 的小段,段与段之间间隔数微秒。如此一来,需要用 1000 个纳秒的脉冲才能累加达到 $1\mu s$ 的损毁作用时间。假设上述脉冲之间间隔为 $1\mu s$,那么粒子束照射目标的总时间至少要达到 1ms,约比损毁作用时间大 3 个数量级。

当粒子束的电流强度为 I、脉宽为 t_p、脉冲间隔时间为 t_s 时,粒子束向目标施加的平均有效电流强度为 $It_p/(t_p+t_s)$,一般就可以通过图 5-40 推算该有效电流强度对应的粒子束照射时间。一旦有效电流强度低于图 5-39 所示热传导或辐射得

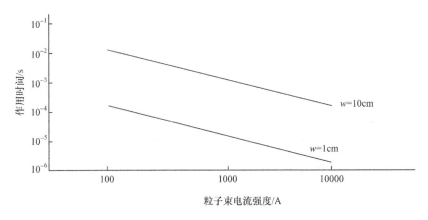

图 5-40　目标温度与电流强度之间的关系

以发挥显著影响的上限,损毁目标所需的必要能量将因能量损失机制而增加,必须将这些能量损失机制考虑在内。因此,一般来说,每段脉冲应保持足够大的电流,使有效电流强度不低于 10^{-1}A。

此外,鉴于粒子束与目标相互作用的独特方式,还可以得出一个很有意义的结论:像激光防护那样在目标表面增加涂层材料的防御方式并不实用,将无法限制粒子束损毁目标。这是因为相对论粒子的穿透性很强,所需的防护材料必须具有非常大的体积和重量。以尺寸 1m 的目标为例,其总表面积约在 $12m^2$。如果要针对能量为 10MeV 的粒子束进行防护,该目标整个表面需要 1cm 厚的涂层材料,防护材料的总体积将达到 $0.12m^3$。当密度为 $3g/cm^3$ 时,该防护材料将为目标额外增加 360kg 的质量。如此大的质量负担对绝大多数目标来说是不可接受的,而且只要将粒子束能量提升至 20MeV 就可以轻松穿透该防护层。面对加倍的粒子能量,目标的防护材料厚度也只能加倍。因此,对粒子束的加厚防护措施不如对激光的实用。

5.3　典　型　应　用

5.3.1　粒子束武器

粒子束武器是一种利用接近光速的密集粒子束流毁坏目标或使目标功能失效的定向能武器[117]。从原理上说,粒子束的传播不受云、雨等气象现象的影响,这些现象仅会对粒子束传播过程遭遇的粒子质量带来微小增加,因此,粒子束事实上是全天候武器,可在几乎任何环境下打击目标。一旦粒子束接触目标,相对论粒子较长的穿透距离将确保迅速损毁目标内部的关键部件。粒子束不会在破坏目标表面的保护层材料上花费时间,加厚防护目标在对抗粒子束方面基本不具有实用性。

目前来看,粒子束武器的研制难度比激光、微波武器要大,但作为潜在定向能武器可能更有前途。其主要优点如下:

(1) 不用光学器件(如反射镜)。

(2) 产生粒子束的加速器非常坚固,而且加速器和磁铁不受强辐射的影响。

(3) 粒子束在单位立体角内向目标传输的能量更大,而且能贯穿目标深处。

粒子束武器的缺点主要如下:

(1) 带电粒子在大气层中传输时,由于与空气分子的不断碰撞,能量衰减很快,而中性粒子不能在大气中传播。

(2) 带电粒子在大气中传输时散焦,因此在空气中使用的粒子束,只能打击近距离目标,而中性粒子束在外层空间传输时也有扩散。

(3) 受地球磁场的影响,会使粒子束弯曲,从而偏离原来的方向。

理论上,粒子束武器一般应由预警系统、跟踪瞄准系统、指挥与控制系统、高能粒子束形成设备和电源系统五大部分组成,如图 5-41 所示。

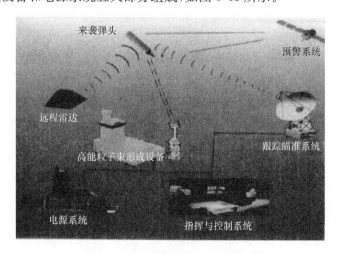

图 5-41　粒子束武器系统组成示意图

1) 预警系统

粒子束武器所射击的目标,运动速度都很快。例如,战略弹道导弹的飞行速度最高可达 20 倍声速,因此从发现目标到摧毁目标的时间最多只有 20 多分钟。如果射击中程弹道导弹则时间更短,仅有 5～10min。可见在这样短的时间内要不贻误战机,就必须尽早发现远距离目标。预警系统一般由超远程雷达和预警卫星组成。

2) 跟踪瞄准系统

预警系统虽然能在远距离发现目标,但是由于它的测量精度不高,无法控制狭窄的粒子束准确地射中目标,因此还要有一套精密的跟踪瞄准设备。跟踪瞄准设备的主要任务是精确测定目标的各种飞行参数,计算粒子束的发射角,适时控制粒子束射击。在射击之后及时判明射击效果,以便确定是否可以转移火力射击其他目标;或者测定前一次射击的脱靶量,修正射击偏差,进行再次射击等。

3）指挥与控制系统

为了使整个粒子束武器系统的各个组成部分协调一致地工作,还需要配置一套指挥控制设备,以便自动控制各种设备并迅速做出作战决策。

4）高能粒子束形成设备

该设备是整个粒子束武器系统的核心部分,它是用来产生高能粒子束,并聚焦成一股狭窄的束流。

高能粒子束形成设备由高能电源、粒子产生装置、粒子加速器和电磁透镜等部分组成。其中高能电源和粒子加速器是整个武器的核心部分。粒子束武器产生高能粒子束的简单原理是:首先由发电机输出巨大的电能,通过储能及转换装置变成高压脉冲,然后粒子束产生装置将高压脉冲转换为电子束,电子束中的粒子进入粒子加速器后,被加速到接近光的速度,最后再由电磁透镜中的聚焦磁场(其作用就像放大镜可以将阳光聚集成一个很小的光点一样)把大量的高能粒子聚集成一股狭窄的束流,如图 5-1 所示。其中,粒子加速器是整个粒子束武器系统的核心装置,它包括粒子注入器、加速器、能源、储能及能量转换设备等。粒子加速器将微观粒子加速到接近光速的速度,并且将其聚集成一个非常细的射束,然后发射出去杀伤破坏目标。它的工作原理是:带电粒子在电磁场中都会受到电磁场力的作用,为此专门设计一个多级有规律变化的电磁场,通过带电粒子源和这些粒子经过电磁场的加速,使带电粒子的速度连续不断地增加到接近光速,然后通过聚焦磁场把带电粒子束聚集成束流射向目标。

5）电源系统

电源系统是粒子束武器系统各组成部分的动力源,也是粒子束武器的"弹药库"。

5.3.2　离子束推移清除空间碎片

采用脉冲激光推移方法时,由于作用在碎片上的推力较小,很难有效清除尺寸超过 20cm 的碎片。最近,欧洲空间局、日本宇宙航空研究开发机构(Japan Aerospace eXploration Agency,JAXA)、法国国家太空研究中心(Centre National d'Etudes Spatiales,CNES)等多个研究机构提出了采用离子束而非激光的一种新方法[118-121]。与激光推移离轨清除空间碎片的原理类似,离子束推移离轨空间碎片也是利用远距离发射的粒子与空间碎片相互作用产生力的原理进行工作的。它使用一种天基离子束系统(即离子束管控卫星),向空间碎片发射高能离子束,通过产生足够的推力使其离轨。在这种方法中,工作卫星不需要与非合作的碎片直接接触,具有使用简单、成本低、操作安全的潜在优势。

离子束推移空间碎片涉及三方面的重要内容:①适当离子束的产生与发射;②离子束与空间碎片的相互作用;③有关的轨道动力学问题[122]。

这种方法的一般工作过程为:①离子束管控卫星发射入轨;②管控卫星变轨,接近预先选择的空间碎片,实施伴飞;③管控卫星非常精确地定向发射高能离子束至碎片目标,形成阻力使碎片减速离轨(或者抬升至废弃轨道)。管控卫星需要安装一个主推进器,用以消除离子束作用过程中的推力,使管控卫星与碎片目标始终保持一定的距离不变,如图 5-42 所示[123]。这种方案的一大优点是可以用一个管控卫星执行多个碎片的清除任务,在清除一个碎片后,它可以机动到下一个碎片继续进行清除。

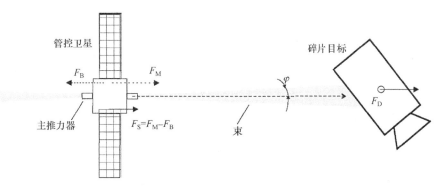

图 5-42　离子束推移空间碎片的作用关系图

离子束的作用就像是两个物体之间的一个物理连接,在合理控制时可以像机械结构一样把所需要的力传输至空间碎片。在主推进器的驱动下,两个物体共同运动变轨。为了实现离子束的物理连接,就要通过额外的消耗来产生必要的离子束。采用高效率的离子束推进器,可以有效降低这种消耗的成本。此外,作用在碎片上的离子束能量向推移力的转换效率也是一个需要重点关注的问题。

第6章 强激光束辐照冲击

强激光束是由大量的光量子组成的密集能量束,其对目标的辐照作用相当于是这些高能光量子对目标的超高速冲击,因此,强激光束辐照冲击是本书研究的重要内容之一。

6.1 主 要 现 象

目标不断吸收照射在其表面上的部分激光能量,激光照射部分不断被加热、升温,当目标被激光照射部分的温度升高到目标材料的熔化温度,甚至气化温度时,目标被激光照射部分就会开始熔化,甚至气化,从而使目标在被激光照射处形成材料变性、凹坑或造成穿孔,甚至由于高温产生高压而产生热爆炸,造成目标结构和功能的破坏。

激光对目标的杀伤一般可分为软化、烧蚀、激波、辐射等几种不同的现象(或效应)[124]。实际中,往往同时存在多种效应。

1) 软化效应

当辐照的激光功率比较低时,靶材所吸收的激光能量使靶材的局部温度升高,但低于靶材的熔点,这时,虽然不能烧蚀破坏,但是将改变材料的物理和力学性能,使屈服强度和拉伸强度下降,这种现象称为软化效应。因为激光一接触目标热量就开始产生,这种发热的软化效应没有明确的阈值。对于大气环境中的高速运动目标,其表面软化后就会在气流压力作用下产生弯曲或扭曲,引起目标失控。

2) 烧蚀效应

当辐照的激光功率较高时,部分激光能量被靶材吸收,快速转化为热能,使被击目标材料表面熔化、气化,蒸气高速向外膨胀,将一部分液滴甚至固体颗粒带出,从而使目标局部区域形成凹坑乃至穿孔,这个过程称为激光热烧蚀。这种效应存在阈值,因为能量向目标的传送速度必须要比热传导或辐射的扩散速度快。一旦熔化开始,便可能将目标表面熔解,形成一个孔洞。这种情况也存在一个阈值。激光射击目标时,其脉冲宽度或停留时间需要比目标的厚度(以孔洞生成率划分)长。如果激光参数选择合适,还可使靶材内部温度高于表面温度,这时由于内部过热产生高温高压,从而发生热爆炸。

3) 力学(/激波)效应

当目标受到激光照射,在气化阈值以上,所产生的蒸气向外喷射,在极短时间内给靶材以反冲作用,相当于一个脉冲载荷作用到靶材表面,于是在固态材料中形成激波。激波传播到靶材后表面,产生反射后,可能将靶材拉断而发生层裂破坏,裂片飞出时有一定的动能。这种激波可能与热效应相结合,产生比单独的发热或激波更强的杀伤。

4) 辐射(/等离子体)效应

目标靶表面因气化形成光致等离子体云,等离子体一方面吸收光束能量使激光在目标表面发生衰减,对激光起屏蔽作用,另一方面却能够辐射紫外线甚至 X 射线等电磁波,使内部电子元件损伤。X 射线在光谱中能量很高,可从几十兆电子伏特到几百兆电子伏特,具有极强的穿透能力,它可使感光材料曝光,作用时间较长时可使物质电离,改变其电学性质,也可以对材料产生光解作用使其发生暂时性或永久性色泽变化,对固体材料造成剥落、破裂等物理损伤。

上述四种效应中,烧蚀和软化效应主要是连续波激光或高重复频率脉冲激光所具有的热效应,而力学和辐射效应则主要是脉冲激光所具有。

6.2　实　验　研　究

空间飞行器的典型靶材主要有铝材料、太阳能板以及石英玻璃,下面分别从这三个方面说明激光辐照效应。

6.2.1　激光辐照铝靶

利用时间分辨的光阴影成像技术,上海交通大学物理与天文系康小卫等研究了在大气环境下飞秒激光烧蚀铝靶的动态过程[125]。采用高能量(4.0～7.0MJ)的飞秒激光直接电离空气,并将靶放置在离激光焦点不同位置进行烧蚀实验,通过基于泵浦-探测的时间分辨光阴影成像技术得到其在空气被电离条件下靶材烧蚀的动态图像。

激光辐照平面铝靶实验装置如图 6-1 所示。采用了钛宝石飞秒激光器(Coherent,Legend Elite DUO USP),其中心波长 800nm,激光脉宽 50fs,重复频率调整为 10Hz,单脉冲激光能量可在 4.0～7.0MJ 进行调节。光路中的机械快门是用于获取单个脉冲,从而实现飞秒时间分辨光阴影成像的单发测量,分束镜以 9∶1 的比例将主脉冲分为泵浦光和探测光。探测光经过 BBO 晶体后倍频为 400nm,这有助于在实验上探测固体靶面附近更高密度区域的等离子体动态过程。泵浦光经过透镜聚焦后垂直入射至铝靶表面,烧蚀铝靶并激发超快过程。探测光平行穿过铝靶表面,其光强被铝靶表面喷射物所调制。由于探测光光斑直径为厘米量级,靶喷射物尺度为百微米量级,因此探测光能覆盖所有喷射物的信息。探测光透过滤波片滤去杂散光,只允许 400nm 的光通过,经过成像系统后被 1024×1024 光学

CCD相机接收。每次泵浦光烧蚀铝靶后,移动铝靶到新的位置,以实现实验的重复性。通过调节泵浦光与探测光的光程差,能得到不同延迟时刻的光阴影图像。

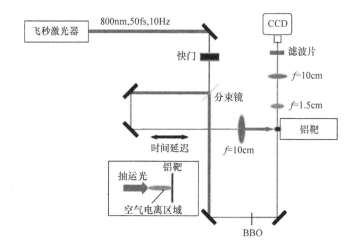

图 6-1　激光辐照平面铝靶示意图

　　激光输出单脉冲能量在 4.4MJ 条件下,将靶放在空气被电离区域的不同位置得到的激光烧蚀靶材的光阴影图像如图 6-2 所示。图 6-2(a)给出了空气等离子体自发光的光强分布,可见,在位置 1、2、3 处的激光光强是依次增强的,即位置 3 处于激光聚集位置,相应的激光光斑最小。将铝靶分别放在位置 1、2、3 处进行激光烧蚀,图 6-2(b)~(e)给出了铝靶被烧蚀的光阴影图像。从这些图像中可以观察到,对于靶依次处在 1、2、3 位置时,产生的铝的喷射物在靶表面的横向尺度依次减小。在位置 1 激光光斑比较大,图(b)和(c)给出的相应的激光烧蚀尺度也比较大,并且呈现近似平面的层状喷射结构。在位置 2 和 3,铝的喷射物呈现半球形结构,并且在激光焦点位置 3 处产生的球形结构曲率更大。

　　利用泵浦-探测光阴影成像技术获得了在大气环境下飞秒激光烧蚀铝靶的动态物理图像,铝靶被烧蚀后在纳秒时间尺度产生不同喷射结构的现象,发现了物质喷射形式有半球形爆炸波和平面爆炸波两种。在聚焦光斑比较大时,物质喷射呈现平面爆炸波形式;而在聚焦光斑比较小时,主要呈现半球形爆炸波形式。

6.2.2　激光辐照石英

　　运用阴影与干涉成像技术,国防科技大学光电科学与工程学院沈超等研究了1064nm 激光诱导熔石英的损伤过程[126]。阴影成像系统具有单发损伤事件中捕捉双帧图像的能力及高达 64fs 的时间分辨率,能够对损伤脉冲作用过程内的材料响应过程及等离子体扩张进行准确的速度测量。

　　图 6-3 为双帧阴影成像实验装置示意图。1064nm、半高宽为 7.6ns 的调 Q

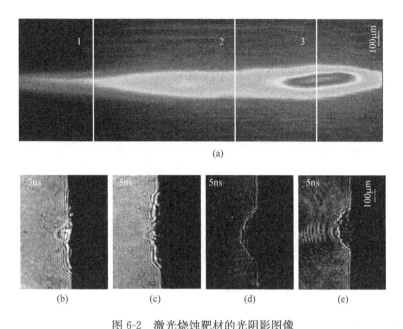

图 6-2　激光烧蚀靶材的光阴影图像

图(a)为空气等离子自发光的光强分布,其中竖线 1、2、3 表示铝靶分别放置在这三个位
置;图(b)与(c)分别表示在 3ns、5ns 延迟下,铝靶放置在空气等离子区域中 1 处时喷射
物的光阴影图像;图(d)与(e)分别表示在 5ns 延迟下,靶位置在 2、3 处的光阴影图像

Nd:YAG 激光器作为抽运光源,其输出脉冲经 50mm 透镜聚焦在样品后表面上,
空气中焦斑面积约为 $320\mu m^2$。探测光为 800nm、半高宽约 64fs 的超短脉冲,经由
偏振分光棱镜后分成 P 和 S 偏振两束探测光,两束探测光间的延迟在 760ps～
2.86ns 可调。随后 P 光与 S 光再次合束并经扩束后进行照明。抽运光与探测光
的延迟由数字延迟发生器控制,准确的延迟则由示波器记录光电二极管探测信号
给出。延迟取为探测光与抽运光脉冲波形峰值的时间间隔,负延迟表示探测光在
前。成像系统由长工作距物镜(2 倍放大倍率)和 CCD 相机(单个像素尺寸 $4.4\mu m \times$
$4.4\mu m$)组成,可提供优于 $6\mu m$ 的成像分辨率。物镜后放置 800nm 带通滤光片以
消除等离子体闪光的影响,滤光片后放置 PBS 以将 P 光与 S 光分开成像。改变样
品后表面与探测光的相对位置(垂直或平行),即可获得正面或侧面变化过程。样
品为各面抛光、尺寸为 5cm×1cm×1cm 的高纯熔石英,实验中每辐照一次样品均
会移动到新的位置以避免重复损伤。样品表面抽运激光能量密度选择为远高于损
伤阈值(约 $70J/cm^2$)的 $150J/cm^2$,以使损伤事件可重复。

图 6-4(a)所示为典型的 1064nm 纳秒激光诱导熔石英后表面损伤点的扫描电
镜(SEM)图像,插图为焦点处光斑分布。可以看出,损伤点的基本特征包括熔融
再凝固的核心区域(如放大图所示)和布满裂纹与剥离状形貌的边沿区域。损伤核

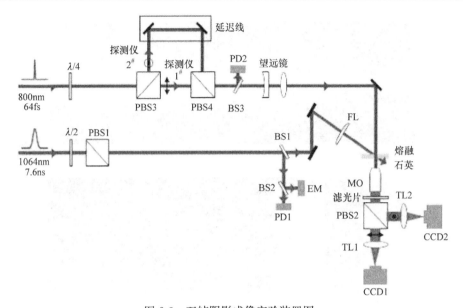

图 6-3　双帧阴影成像实验装置图

BS-分光棱镜；PBS-偏振分光棱镜；PD-光电二极管；EM-能量计；FL-聚焦透镜；MO-显微物镜；
TL-套管透镜

心凹坑具有与光斑分布高度相似的椭圆形轮廓，且观察不到裂纹等机械损伤特征，因此可推断其主要是热作用造成的。坑边沿的细丝形貌(图 6-4(a)中纤维所示处)可能是高温过热粒子喷发过程中从坑底带出的液态物质，经迅速冷却过程形成。图 6-4(b)为损伤点形成的典型时间分辨过程。可以看出，1064nm 诱导熔石英后表面损伤过程存在以下特征：

(1) 损伤从脉冲上升沿已经发生，损伤初期形貌表现为不透明、边沿平滑的椭圆形区域，且随延迟增加，尺寸迅速扩大。

(2) 抽运脉冲作用末期损伤区域外围透过率逐渐增大，但内部仍保持不透明，此时外围可观察到波前传播，但其是空气端的冲击波还是材料体内应力波目前尚无法分辨。

(3) 脉冲结束后几十纳秒时间内，损伤区域透过率继续增大，损伤点轮廓已具雏形。损伤点与周围材料边界处开始出现初始裂纹，这些裂纹在随后几百纳秒的时间尺度内保持扩张生长。

1064nm 纳秒激光诱导熔石英后表面损伤的物理过程可总结为以下几个阶段：

(1) 脉冲作用期间的能量沉积产生大量过热电子，一部分电子在材料中通过热传导形成迎着激光方向往材料内部传播的固态吸收波前，另一部分电子向空气端逸出并通过碰撞离化等过程产生初始等离子体。

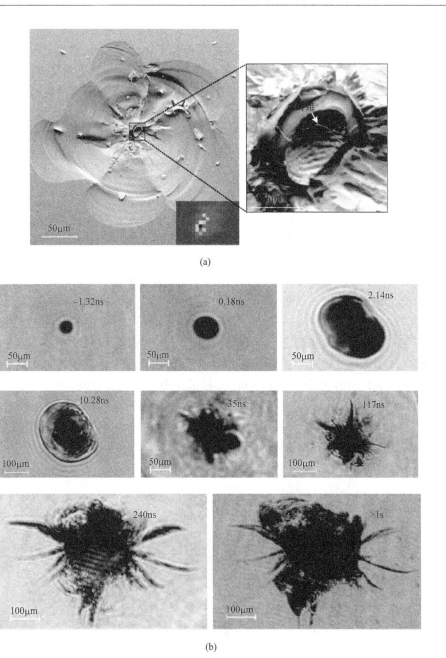

图 6-4　典型的 1064nm 纳秒激光诱导熔石英后表面损伤点情况

图(a)为表面损伤点的扫描电镜(SEM)图像,其中插图为焦点处光斑分布;图(b)为表面损伤时间线,

其中 240ns 及大于 1s 图像为同一损伤点

（2）脉冲结束后，空气等离子体和体内固态吸收波前失去能量供给，温度与扩张速度迅速下降，此时早期形成的高温高压等离子体成为损伤前驱，诱使材料产生大量过热，使中性原子和分子喷发，体内等离子体与周围固态体材料界面上的 Rayleigh-Taylor 不稳定性在两相界面处产生应力分布，这些应力的释放促使裂纹的形成。

（3）空气端等离子体的演化遵循一般激光诱导等离子体演化规律，即内部压强、温度与密度随延迟增加迅速下降，同时出现向材料端扩张的内激波现象。

6.2.3　激光辐照太阳能电池

太阳能电池是空间电源系统的核心，太阳能电池阵一般是空间飞行器表面积最大的部分，当受到激光辐照时，太阳能电池阵就会成为主要的被辐照载体。

单晶硅太阳能电池的核心部分是一个 PN 结，其工作原理如图 6-5 所示。当光辐照电池时，能量大于禁带宽度的光子将有一定概率使位于价带的电子跃迁至导带，同时在价带产生一个空穴。如果产生的电子空穴对在 PN 结内建电场的作用范围以内，N 型硅中的空穴和 P 型硅中的电子，也就是掺杂硅中的光生少数载流子，在 PN 结内建电场的作用下，将分别向另外一侧运动。这样一来，电中性就被破坏，N 型硅由于电子的累积而带负电，P 型硅由于空穴的累积而带正电。如果在 N 型硅和 P 型硅上分别加上电极，并提供一个外部电流通路，则电子会经外部电路回到 P 侧，在那里与电场发送的空穴合并，电子流动提供电流，电池的电场产生电压。

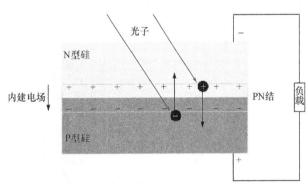

图 6-5　单晶硅太阳能电池工作原理示意图

国防科技大学邱冬冬[127]采用脉冲激光辐照太阳能电池光路如图 6-6 所示，实验对象为片状单晶硅太阳能电池，面积为 $2cm \times 2cm$，卤钨灯放置在距离电池前表面 1.2m 处；YOKOGAWA OR1400 型多通道多功能测量仪用来监测并记录负载电压的变化并测量电池的温度变化；He-Ne 光作为准直光，用于调整光路，在进行激光辐照实验时关闭；衰减片用来调整激光能量；窄带滤波片只通过 532nm 的光，滤除杂光对辐照实验的影响。

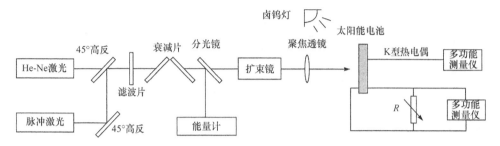

图 6-6　脉冲激光辐照太阳能电池的光路示意图

当太阳能电池距离卤钨灯为 50cm 时，开路电压随温度的变化趋势如图 6-7 所示，二者近似呈线性比例关系。温度升高了 23.4℃，开路电压下降了 72mV，相当于每升高 1℃，开路电压下降 3.08mV，开路电压随温度的下降系数约为 $-0.49\%/℃$。

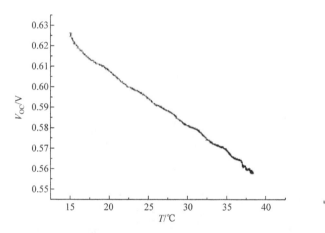

图 6-7　太阳能电池距离卤钨灯 50cm 时开路电压随温度的变化趋势

激光波长为 532nm、脉宽 20ns（实测为 18.25ns）、频率为 1Hz，单脉冲能量至 32.4mJ，聚焦辐照，相应的峰值功率密度为 $1.8\times10^9\,W/cm^2$，共辐照太阳能电池 100 个脉冲，在辐照过程中，辐照同一位置若干脉冲，沿着与栅状电极相垂直的方向横向移动电池以改变辐照位置。电池的玻璃盖片发生破碎，掺杂硅表面出现破损，P_{max} 降至 2.8mW。辐照后电池的局部损伤形貌及辐照前后电池的输出特性曲线对比如图 6-8 所示。可以看出，电池的损伤形式是表面玻璃盖片产生碎裂，没有熔融物出现；而内部的硅电池体并没有严重的损伤。

使用波长为 532nm、脉宽 10.8ps、频率为 500Hz 的激光聚焦后对放置在焦平

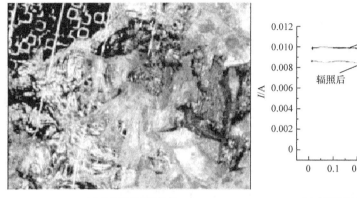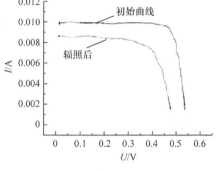

(a) 电池局部损伤形貌　　　　　　　　(b) 辐照后的曲线与初始时刻对比

图 6-8　脉宽 20ns 的激光对太阳能电池的损伤效果图

面上的一块新的太阳能电池进行辐照实验。实验前电池的 $P_{max}=78.5mW$。激光的单脉冲能量为 $40.7\mu J$，峰值功率密度为 $3.8\times10^9 W/cm^2$，对太阳能电池进行 7min 的辐照，在辐照过程中横向移动电池，在电池表面形成一条盖片玻璃和掺杂硅损伤变形的损伤线，宽度约为 0.7mm。辐照后电池的 P_{max} 降至 52.7mW。电池的局部损伤形貌和辐照前后输出特性曲线对比如图 6-9 所示。电池并没有出现前两种类型激光辐照时出现的碎裂损伤。

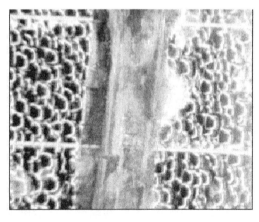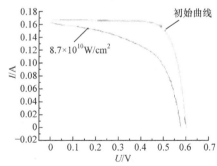

(a) 电池局部损伤形貌　　　　　　　　(b) 辐照后的曲线与初始时刻对比

图 6-9　脉宽 10.8ps 的激光对太阳能电池的损伤效果图

6.3　作用机理与建模

从宏观上讲,激光与材料的相互作用是加热作用。根据材料吸收激光能量而引起的温度高低,可以将激光与材料相互作用的过程分成下面几个温度范围:

(1) 材料温度没有变化,且处于基本光学阶段。当激光功率(或能量)密度极低时,绝大部分入射激光光子与材料(金属)中电子发生弹性散射,其主要物理过程表现为反射、透过和吸收。由于吸收的激光能量甚微,转换成材料的热能甚少,所以主要关心和研究的内容属于基本光学问题。

(2) 当入射激光功率(或能量)密度提高时,入射激光与金属中电子会产生非弹性散射,电子从光子获得能量成为受激态电子,它们与晶格相互作用,将能量传递给晶格而激起强烈的晶格振动,从而使材料加热。当材料温度低于材料固态相变点时,材料不发生结构变化。宏观上说,这个阶段激光与材料相互作用的主要物理过程是传热。

(3) 材料温度高于固态相变点但低于材料熔点。这个阶段存在着传热与传质的物理过程。

(4) 材料温度高于熔化温度并低于气化温度。在这个阶段中,熔化区存在着传热、传质和对流三个物理过程,熔化区外主要是传热。

(5) 材料温度超过其气化温度。材料蒸气或环境气体甚至被激光击穿形成等离子体。

可见,材料在激光辐射加热下的物理(复合材料还有化学反应)过程是比较复杂的。

6.3.1　热传导理论

激光辐照靶标时,其巨大能量被结构材料表层吸收并转换成靶标材料的内部热能,该热能通过热传导在材料内部扩散形成温度场,该温度场又导致靶材热物理性能和力学性能变化。

为了确定靶材的温度场,必须给出激光的加热条件,通常把靶材吸收的激光能量分成面热源(靶材表层吸收)和体热源(靶材深层吸收)两种情况。除了这两种热源外,在飞行器的边界上还存在着其他类型的热源或冷却条件(如高温表面的热辐射损失、气动力加热或冷却液和气体的散热等)。对于由不同材料构成的多层结构,各层材料界面的热接触条件较为复杂,按理想情况处理时,界面两边的温度和热流量应该相等。非理想热接触界面两边的温度会出现间断,通常将两边的温差除以通过界面的热流量得到的熵定义为界面热阻。热阻通常与界面的粗糙度和界面压力等因素密切相关,是一个经验值,由相当多的试验数据确定[128]。

假设激光束垂直入射靶表面($z=0$),受照物体位于 $z \geqslant 0$ 的半空间,靶表面对激光的反射率为 $R(x,y,T)$,吸收系数为 $\alpha(x,y,z,T)$,入射功率密度在表面 $z=0$ 处为 $q_{\text{inc}}(x,y,t)$,那么靶板内部的温度场 T 由下面的热传导方程描述:

$$\rho c \frac{\partial T}{\partial t} = \nabla(k\,\nabla T) + (1-R)\alpha q_{\text{inc}}\mathrm{e}^{-\alpha z} + Q, \quad t>0, z>0 \tag{6-1}$$

式中,ρ 是靶材密度;c 是比热;T 是温度;t 是时间;k 是材料热导率;∇ 是梯度算子;R 是反射率;α 是材料吸收系数;q_{inc} 是靶材正表面上的入射激光功率密度;z 是与激光入射方向一致的靶材深度坐标;Q 是其他热源。式中所有材料参数都是当地温度的函数。

式(6-1)右侧第 2 项代表激光被深层吸收的体热源;如果不考虑其他热源,则 $Q=0$;对于红外波长激光辐照金属靶材,一般不存在体热源,激光辐照过程属于表面加热过程,因此可按一定的边界条件处理。此时 $\alpha z=1$,或者 $R\approx1$,用表面吸收率 A 代替 $(1-R)$,体热源就改为受照表面边界条件上的面热源:

$$z=0: -k\frac{\partial T}{\partial z} = Aq_{\text{inc}}, \quad (x,y)\in 光斑区, t>0 \tag{6-2}$$

实际上,靶材对激光的吸收率 A(或热耦合系数)是研究激光与材料相互作用时,首先遇到的一个极重要参数。它不仅与材料构造的固有特性有关,还与材料表面的粗糙度、表面缺陷与杂质、熔化或热解炭化与否、氧化层性质有关,并且还是激光波长、入射功率密度、材料所处环境(温度、大气压力、等离子体点燃与否等)、光斑与试件的相对面积的函数。因此,吸收率 A 通常要借助于试验来测定。

激光光斑内的入射功率密度 $q_{\text{inc}}(x,y,z,t)$ 可用分离变量法表示,即用空间分布 $q_{\text{inc}0}(x,y,z)$ 和无量纲时间波形 $B(t)$ 的乘积表示为

$$q_{\text{inc}} = q_{\text{inc}0}(x,y,z)B(t) \tag{6-3}$$

常用的激光束空间分布有均匀分布和高斯分布,时间波形有阶跃波、矩形波、梯度波、三角形波和指数衰减波等。

假设 $t=0$ 是激光辐照开始的时刻,则

$$T_0 = T(x,y,z,0) \tag{6-4}$$

就是给定的靶材的初始温度分布。如果初始时刻靶材为等温状态,式(6-1)计算的是靶材的初始温升 $\Delta T = T - T_0$。一般情况下,T_0 较小,可忽略不计。

在求解上述热传导方程时遇到的一个重要问题是材料的热物理性能(吸收率、吸收系数、比热、热扩散率、热导率等)随温度升高而变化,热传导方程就变为不定常非线性方程。为了抓住受激光辐照材料的热传导过程实质,讨论过程中通常会做如下简化假设:

(1) 受激光辐射加热的材料是均匀且各向同性的材料。

(2) 材料的光学特性(如吸收率 A、反射率 R 等)和热物理学参数与温度无关,或取其在所涉及温度范围内的平均值。

(3) 忽略传热过程中的辐射热交换与对流热交换。

(4) 材料不发生相变。

6.3.2　热效应机理与建模

在脉宽为纳秒量级或更长脉冲强激光作用下,材料内部电子通过与光子的频繁碰撞将吸收的光能迅速传递给电子转变成热能,在光照区域内局部热平衡建立得异常迅速。因此,可以假设:

(1) 被加热的材料是均匀且各向同性的物质。

(2) 忽略传热过程中材料表面的辐射和对流。

(3) 若激光照射材料时,激光光斑的尺寸大于激光脉冲作用时间内热量的传播深度,则可近似地按一维热传导问题处理,并可把材料视为半无限大物体。

目标表面受光强为 S 的激光辐照时,经过加热时间 t,在半径为 w 的目标表面吸收的能量 $E = \pi w^2 \alpha S t$(α 是目标材料的热耦合系数,即入射光能量被吸收的比例)。吸收能量在时间 t 内经目标表面传播距离与目标材料的热扩散系数 D 有关,约为 $\sqrt{Dt}$,如图 6-10 所示。

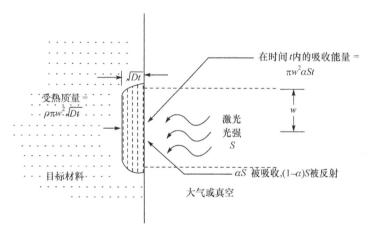

图 6-10　激光束作用下的目标受热过程

假设在时间 t 内,吸收能量均在目标材料内传播,则受热的目标材料的质量为 $m = \rho \pi w^2 \sqrt{Dt}$($\rho$ 是目标材料的密度,单位为 g/cm³),吸收能量全部转换为目标材料的热能,导致温度比原始温度 T_0 升高 ΔT。设目标材料的热容为 C,则有以下能

量计算公式:

$$E = mC\Delta T \Rightarrow \pi w^2 \alpha St = \rho \pi w^2 \sqrt{Dt} C\Delta T \tag{6-5}$$

当升高后的温度达到目标材料的熔点 T_m 时(即 $\Delta T = T_m - T_0$),目标表面逐渐开始熔化。而且,产生熔化的时间一定小于激光脉冲的辐照持续时间 t_p。因此,目标材料的熔化阈值为

$$S_m = \rho C(T_m - T_0) \sqrt{D/t_p} / \alpha \tag{6-6}$$

取 $\rho = 3\text{g}/\text{cm}^3$, $T_m - T_0 = 700\text{K}$, $C = 1\text{J}/(\text{g} \cdot \text{K})$, $D = 1\text{cm}^2/\text{s}$, 根据式(6-6)计算目标材料的熔化阈值与脉冲宽度 t_p、热耦合系数 α 的函数关系,结果如图 6-11 所示。

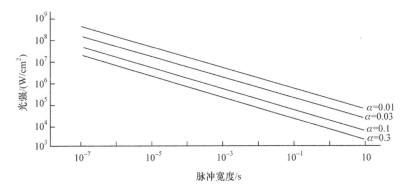

图 6-11　熔化阈值与脉冲宽度、热耦合系数的函数关系

从图 6-11 可以看出:

(1) 热耦合系数 α 在熔化过程中(事实上在所有的目标效应中)发挥重要作用。而且,α 值变化范围很广,红外线的值只有百分之几,而可见光的值高达百分之几十。

(2) 当脉冲宽度 t_p 变长时,熔化阈值下降。如果 t_p 增长两个数量级,那么熔化阈值将会下降约 1 个数量级。这表明:对一个脉冲宽度无穷大的连续波激光而言,其熔化阈值会非常小。实际上,这种情况一般不可能发生,这可以从实践应用和物理学两方面进行解释。在军事应用中,被攻击目标一般不可能在较长一段时间内(如超过 10s)一直保持可见状态或基本静止状态。更重要的是,当目标上的光强变得更小,受热程度减轻时,激光攻击目标过程中存在的其他能量损耗机制(如热能的对流和辐射)逐渐显现。受这些机制影响,激光与目标相互作用时间一般被限定在数秒或更短的时间内。

根据图 6-11 可知:如果杀伤标准是导致目标表面发生熔化,则所需光强要超过 $10^3\text{W}/\text{cm}^2$。但是,这种使目标刚刚开始熔化的光强阈值,在军事应用中一般达

不到损毁目标的目的。如果进一步想在目标上打出一个孔洞,就需要在熔化的基础上确定孔洞的生长速率,也称为目标的"烧蚀速率",单位为 cm/s。

在考虑目标烧蚀速率时,可能发生两种情况:一是所有物质熔化都是从孔洞部位开始的,熔化后的物质从孔洞中流出,后面残留的物质受到激光束的作用,也发生熔化并流出,从而使孔洞的深度随着时间的增长逐渐加大;二是假设熔化后的物质仍在孔洞之中,继续加热直到达到某个特定值发生气化,被移除出去,这样所需的能量就要更多。以上两种情况会导致烧蚀速率的变化不同。在实际过程中,这两种现象可能同时存在。

熔化的物质可能会在重力或气流等作用下,从孔洞中流走。简单起见,可以基于能量守恒定律估算出烧蚀速率。图 6-12 描述了一个深度 X(单位:cm)、以速度 V_m(单位:cm/s)扩展的孔洞。

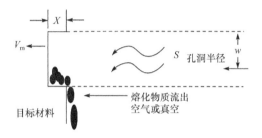

图 6-12　熔化物质流出时的孔洞侵蚀

在较短的时间 dt 内,从孔洞中流走的物质总质量 $dM=\rho\pi w^2 V_m dt$。熔化该物质必需的能量值 $dE=[L_m+C(T_m-T_0)]dM$,其中 L_m 为熔化热,单位为 J/g。在这段时间内目标从激光吸收的能量值 $dE=\pi w^2 \alpha S dt$。当烧蚀速率为常量时,目标从激光中吸收的能量与激光总能量的比例不变,而且与熔化物质带走的能量相等。根据这两个值相等,求解 V_m 值,可以得出:光强为 S 的激光束侵蚀热耦合系数为 α 的目标表面时,烧蚀速率为

$$V_m=\alpha S/\{\rho[L_m+C(T_m-T_0)]\} \tag{6-7}$$

取 $\rho=3g/cm^3$,$T_m-T_0=700K$,$C=1J/(g\cdot K)$,$L_m=350J/g$,根据式(6-7)计算烧蚀速率与光强、热耦合系数的函数关系,结果如图 6-13 所示。从烧蚀速率表达式和图 6-13 可以发现:孔洞烧蚀速率与吸收的激光光强成正比。从图中可以估算出在一定的时间内穿透一定厚度的目标所需的光强。例如,如果想要在 0.1s 的时间内穿透一个厚度为 0.1cm 的目标,这就要求目标的烧蚀速率不小于 1cm/s(如图中横线所示),则当目标的热耦合系数为 0.1 时,激光光强要大于 3×10^4 W/cm²。

如果熔化物质未从孔洞中流出,则就会发生气化。这就要求光强要超过气化阈值 S_v,公式为

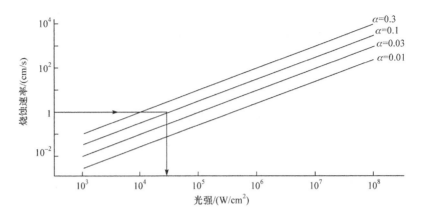

图 6-13　熔化物质流出时的目标烧蚀速率

$$S_v = \rho[L_m + C(T_v - T_0)](\sqrt{D/t_p}/\alpha) \tag{6-8}$$

且气化表面的烧蚀速率 V_v 为

$$V_v = \alpha S/\{\rho[L_m + L_v + C(T_v - T_0)]\} \approx \alpha S/(\rho L_v) \tag{6-9}$$

取 $\rho = 3\text{g/cm}^3$，$T_m - T_0 = 700\text{K}$，$C = 1\text{J/(g·K)}$，$D = 1\text{cm}^2/\text{s}$，$L_m = 350\text{J/g}$，$L_v = 8\times10^3\text{J/g}$，根据式(6-9)计算气化阈值、烧蚀速率的函数关系图，结果如图 6-14 和图 6-15 所示。从图中可以看出，如果目标物质必须要被气化，那么所需的光强要比熔化阈值增加约 1 个数量级，烧蚀速率要下降约 1 个数量级。这表明，气化所需热量(气化热)要比熔化所需热量(熔化热)约高 1 个数量级(表 6-1)。

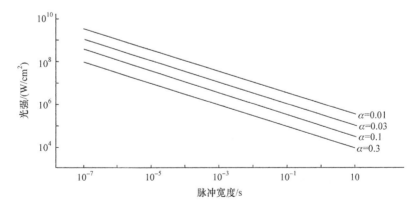

图 6-14　气化阈值与脉冲宽度和热耦合系数的函数关系

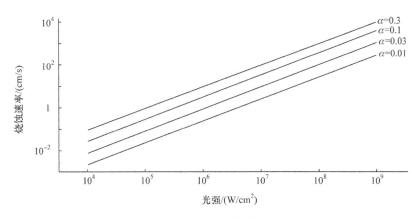

图 6-15　目标发生气化的烧蚀速率

表 6-1　常见金属的热特性

材料	密度/(g/cm³)	熔点/℃	沸点/℃	热容/[J/(g·℃)]	熔化热/(J/g)	气化热/(J/g)
铝	2.7	660	2500	0.9	400	11000
铜	8.96	1100	2600	0.38	210	4700
镁	1.74	650	1100	1.0	370	5300
铁	7.9	1500	3000	0.46	250	6300
钛	4.5	1700	3700	0.52	320	8800

从表 6-1 可以发现一些有趣的情况。首先,不同的材料之间区别显然并不太大。在表中每列里的数值(基本上)都相差不过 2～3 倍。这也就意味着我们在估算损毁所需能量的数量级时不用太过在意损毁目标的类型与结构;其次,气化热在将一个目标从开始到最后蒸发的全部热量中占了最大的分量;再次,材料的气化热一般不超过 10000J/g,这就是说大约 10000J 的能量就足以将 1g 的几乎任何物质变成气体。

利用图 6-11～图 6-15 分析现实场景中损毁目标的要求时,应该注意:现实的烧蚀速率很可能介于图 6-13 和图 6-15 的两种极限值之间;这些图中的光强指的是目标表面的光强。通常,由于存在传播损耗,激光发射的光强要略大一些,才能击中并损毁目标。

6.3.3　力学效应机理与建模

蒸气从目标喷出过程中,反向动量向目标传输就会产生力学效应。实际上,蒸气此时起到一个小型喷射流的作用,向目标施加一种反作用力。如果这种力强度相当大,会使目标发生畸变,或是冲击目标表面,形成一个孔洞并去除一大块物质。

因此,与热效应相比,力学效应在损毁目标时所需的能量可能较小。

力学效应的阈值也是气化阈值。超出阈值后,随着激光光强的增加,可能会发生非线性效应。如果要进一步确定特定光强预计产生的力学效应的数值,必须首先弄清楚处于特定气化率的物质表面所承受的压强。然后,就可以从目标响应的角度考虑这种压强带来的效应。

在激光光强 S 辐射作用下从目标产生的蒸气能够施加的压强公式表示为

$$P = \sqrt{kT_v/M}(\alpha S/L_v) \tag{6-10}$$

式中,T_v 和 L_v 分别是目标的气化温度和气化热;M 是一个蒸气分子的质量;α 是目标的热耦合系数。$P/S = \sqrt{kT_v/M}(\alpha/L_v)$ 被称为激光与目标材料的冲量耦合系数,表示为 I^*。它实际上也反映了向目标传送的冲量($I = \pi w^2 P t_p$)与激光脉冲总能量($E = \pi w^2 S t_p$)的比率。目标表面的压强与光强、冲量耦合系数的函数关系如图 6-16 所示。由于绝大多数物质的冲量耦合系数约为 $1 \sim 10 \text{dyn} \cdot \text{s/J}$(dyn 是力学单位,$1\text{dyn} = 10^{-5}\text{N}$),损毁目标需要的压强一般要大于 10atm(atm 是标准大气压,$1\text{atm} = 101325\text{Pa}$),因此,根据图 6-16 可以估算得出:通过力学效应达到损毁目标的要求,所需的光强一般要超过 10^7W/cm^2。

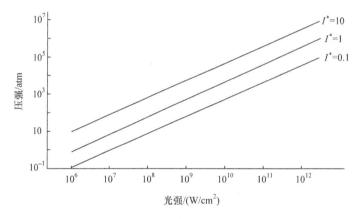

图 6-16　目标表面的压强与光强、冲量耦合系数的函数关系

损毁目标需要多大的激光能量呢? 或者损毁目标到底需要多大光强和脉冲持续时间呢? 答案与损毁的定义相关。在某些应用中,使目标产生畸变就足够了;在其他应用中,则可能要求射穿目标并在目标上形成一个孔洞。以特定的光强在特定的时间内作用于处于特定区域的目标将会发生怎样的情况,与目标的性质及其结构密切相关。由此,产生的结果千差万别。一般情况下,如果目标上受辐射的区域比不受辐射的区域小,可以将目标看成具有一定厚度的板材,分析不同的光强和脉冲宽度可能导致的损毁程度。图 6-17 显示了当一个光强为 S 的激光束射入一个厚度为 d 的目标时目标的力学状态。

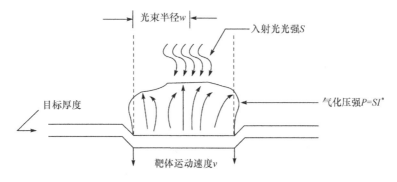

图 6-17　激光攻击下目标的力学状态

气化在经历激光辐照的短暂延迟后开始产生,对目标受辐射区域形成的压强 $P=SI^*$,冲量 $I=\pi w^2 Pt_p=\pi w^2 SI^* t_P$($I^*$ 是目标物质的冲量耦合系数)。该冲量作用在体积 $V=\pi w^2 d$、质量 $m=\rho\pi w^2 d$(ρ 是目标材料的密度,g/cm³)的目标范围内,产生动量 mv,使目标遭受 $mv^2/2=I^2/(2m)$ 的能量打击。然而,由于目标材料中内力的作用,目标的这一受辐射部位并不会立即脱离目标。当激光打击能量超过目标内部连接力时,激光可达到损毁的效果,使目标发生畸变或破裂。

在固体中,导致固体产生形变的力称为应力;由这些应力导致的拉伸或压缩称为应变。应力与压强 P 的单位相同(J/cm³ 或 N/cm²),与作用在气体上的压力相似。应变是指由作用于物体的应力导致的物体体积 V 发生变化的比率,有 $e=\Delta V/V$。正如压强 P 使气体体积从 V 扩大至 $V+\Delta V$ 时所做的功为 $P\Delta V$,应力 P 导致应变 e 所做的功为 $P\Delta V=PeV$。使固体发生应变并损毁所必需的能量可表示为 $P^* e^* V$(e^* 是达到损毁所需的应变值,P^* 是超过损毁应变值所需的应力)。因此,目标损毁的标准就是激光脉冲打击的能量 $I^2/(2m)$ 等于或超过使目标发生形变并损毁所需的能量 $P^* e^* V$。代入以上有关参数,可以得出,如果辐照在目标上的激光能量密度 F_d 满足

$$F_d=St_p\geqslant\sqrt{2\rho P^* e^* d}/I^* \tag{6-11}$$

则光强为 S 的激光在持续时间 t_p 内就可以损毁目标。图 6-18 是损毁目标所需的光强 S 与脉冲宽度 t_p、目标厚度 d 的函数关系,此时 $I^*=3\mathrm{dyn\cdot s/J}$。从图中可以发现,损毁一般厚度的目标所需的能量密度为 $10^3\sim10^4\mathrm{J/cm^2}$,如果光强大于 $10^7\mathrm{W/cm^2}$,则脉冲时间小于 $10^{-3}\mathrm{s}$。

如果将图 6-18 中显示的能量密度与熔化或气化相同厚度的目标形成孔洞所需的能量密度进行比较,会得到什么结果呢?目标的烧蚀速率介于熔化烧蚀速率 $V_m=\alpha S/\{\rho[L_m+C(T_m-T_0)]\}$ 和气化烧蚀速率 $V_v\approx\alpha S/(\rho L_v)$ 之间。结合目标的厚度 d 可以分别计算以熔化和气化两种方式穿透目标所需的时间,进一步计算目标熔化和气化所需的能量密度分别为

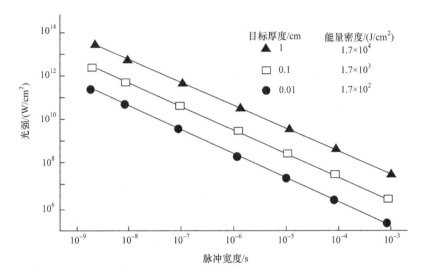

图 6-18　由力学效应损毁目标所需光强与脉冲宽度、目标厚度的函数关系

$$F_m = Sd/V_m = d\rho[L_m + C(T_m - T_0)]/\alpha \tag{6-12}$$

$$F_v = Sd/V_v \approx d\rho L_v/\alpha \tag{6-13}$$

取热耦合系数 $\alpha = 0.1$，利用式（6-11）～式（6-13）计算不同效应机制下损毁目标所需的能量密度，结果如图 6-19 所示。可见，与采取热烧蚀穿透方式相比，通过力学效应损毁特定厚度的目标可取得更高的效能。这是因为在力学效应中，目标物质本身的性质不会发生变化，只是目标的结构发生变形或断裂。当然，由于受热耦合系数、目标结构、要求达到的受热程度或力学损毁程度等多种因素的影响，在某些特定情况下，图 6-19 中线条的相互位置可能会发生变化。

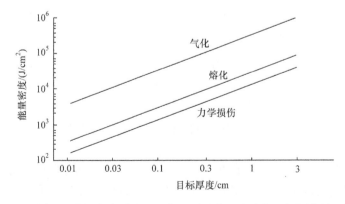

图 6-19　不同效应机制下损毁或穿透目标所需的能量密度与目标厚度的函数关系

既然用力学方式损毁目标可取得更高效能,为什么还要研究和利用热效应呢?其中一个原因在于热效应是一个相对简单的过程,仅由目标的热量特征决定。相比之下,力学损毁可能会在很大程度上受到目标结构特性的影响,而这些特性一般很难精确掌握;而且力学损毁还涉及时间限制和光强因素。如果以力学方法损毁目标,那么脉冲能量传递时间必须要小于应力沿目标径向发生释放并传遍目标的时间。这个时间约等于能量束半径除以在目标物质传播的声速。在固体中传播的声速一般相当快,约等于 $10^6 \, \text{cm/s}$。当束半径为 1m 时,意味着脉冲宽度会小于 $10^{-4} \, \text{s}$,光强约为 $10^8 \, \text{W/cm}^2$(图 6-18)。相比之下,采用数秒的脉冲宽度、$10^4 \, \text{W/cm}^2$ 的光强就能够熔化目标(图 6-11)。

在力学损毁过程中,当光强偏高时,很可能就会发生由等离子体引起的辐射效应,对激光与目标的相互作用产生巨大影响。下面将对此情况进行讨论。

6.3.4　等离子体效应机理与建模

材料对强激光辐射的响应不仅包括加热、熔化、气化或升华、质量迁移、动量传递,还包括由于大气和靶表面蒸气电离引发的表面等离子体效应。当脉宽足够短时,产生上述效应时所要求的光强就会超过产生等离子体所需的光强阈值,特别是当目标为气溶胶时更容易发生,因为气溶胶中产生等离子体的光强阈值相对较低。

图 6-20 描述了等离子体帮助或者阻碍激光对目标产生作用的原理。在图 6-20(a)中,一个等离子体与目标的表面非常近。因为等离子体的温度非常高,并且对激光具有很强的吸收性,所以等离子体会吸收大量的激光能量,通过热传导或辐射向目标进行传递。相对于没有等离子体,可以将激光的更多能量累积到目标中去。图中目标表面的黑色竖线表示得到的累积能量。另外,如果等离子体远

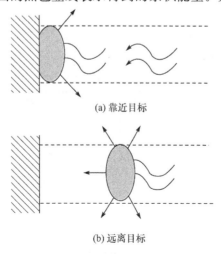

(a) 靠近目标

(b) 远离目标

图 6-20　等离子体帮助或阻碍激光对目标产生的作用原理图

离目标,它会继续吸收激光的几乎全部能量,只有很少的一部分能量能够到达目标,如图 6-20(b)所示。显然,对于激光的效应,等离子体可好可坏。而它的好坏是由激光的光强(功率密度)与脉宽决定的,前者决定等离子体的类型与散发方式,后者决定等离子体在光束与目标接触时的散发距离。接下来讨论激光引起的爆震波与速燃波分别在真空与空气中对热效应与力学效应的影响。

1. 真空中的等离子体效应

在真空中,目标表面气化后也可能被电离而产生等离子体。当然,通过这种方式产生的等离子体不能完全阻挡激光照射目标。如果能完全阻挡,气化过程就会中止,而等离子体也会逐渐消散。当真空中存在目标气化产生的等离子体时,分析目标与激光之间的效应时必须区分以下情况:到达目标上的能量是激光穿透等离子体而产生的,还是在等离子体内部的再次辐射或热传导而产生的。

假设被等离子体吸收的激光辐射能量中有 α_p 部分被目标表面吸收,穿透等离子体的激光辐射能量中有 α_c 部分被目标表面吸收。因此,有效耦合系数(effective coupling coefficient)为 $\alpha = \alpha_p f + \alpha_c (1-f)$,其中 f 是激光在气化产生的等离子体中被吸收的比例。图 6-21 显示了一个例子的相关计算结果[129]。一种情况是,如果来自该等离子体的能量再辐射对目标烧蚀的贡献很少,则当 S 增加时目标蒸气的密度不会有大的变化。因为当蒸气的密度增加时,等离子体就会吸收更多能量,目标烧蚀将会减弱,等离子体的密度增加无法维持。即如果 $\alpha_p < \alpha_c$,有效耦合系数就会像图 6-21 中最低的那条曲线,总是小于等于 α_c,而且当光强增大时,α 会逐渐减小,基本相当于 $S^{-2/3}$。另一种情况是,如果等离子体的再辐射是目标气化的最主要原因,则 S 的增加会提高等离子体的密度。因为此时等离子体的密度提高会加快目标被烧蚀的速率。对应图 6-21 中,如果 $\alpha_p > \alpha_c$,有效耦合系数会随着光强增大达到与 α_p 几乎相等。因此,当气化产生等离子体时,激光与目标的能量耦合效率取决于直接被目标吸收的激光能量 α_c 与通过等离子体吸收激光能量后再被目

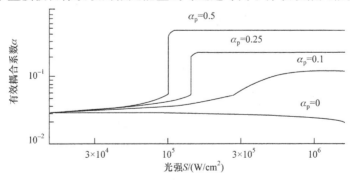

图 6-21　在真空中出现等离子体时激光与目标之间的耦合效应

标吸收的能量 α_p 之间的比较。通常情况下,正如图 6-21 所示,如果在真空中的目标被气化时产生了等离子体,极有可能会提高激光与目标的耦合效率,即使在最糟糕的情况下,也只会使有效耦合系数略微降低。

有等离子体产生时,除了会影响热耦合系数 α,还会影响到烧蚀速率与冲量耦合系数 I^*。气化时传递给目标的动量正比于 ρv(其中 ρ 表示气化气体的密度,v 表示气化气体的速度),而它带走的能量正比于 ρv^2。因此,动量与能量的比与 $1/v$ 成比例。因此,当 $\alpha_p < \alpha_c$ 时,气化气体增加的密度将加快其速度,等离子体的产生导致冲量耦合系数 I^* 逐渐下降至 $S^{1/3}$。当 $\alpha_p > \alpha_c$ 时,耦合情况会改善,而光强的提高主要是使气化气体密度增加。也就是说,耦合情况随着有效耦合系数的提高而改善,且与光强基本无关。

总之,当在真空中的目标表面产生等离子体时,一般都会有利于加强激光对目标的效应。热耦合系数与冲量耦合系数都有可能增加,而且无论如何也不会快速减少。

2. 大气中的等离子体耦合效应

在大气中,目标表面产生的等离子体可能以吸收波的形式离开目标,并从目标带走辐射能量。因此,在空气中的等离子体可能比在真空中时对 α 与 I^* 的影响更大。为了进行必要的定量分析,必须考虑激光在等离子体中传递的效应、从等离子体再辐射到目标上的激光以及等离子体的散发特性与激光光强之间的关系。图 6-22 是定量分析的一个例子,揭示了分析得出的很多特点。

图 6-22 中的两个图分别显示三个与时间有关的量:目标内增加的瞬时辐射强度 Q、一段时间内 Q 的积分和瞬时的热耦合系数 α。强度 Q 包括激光和等离子体辐射到达目标表面并被吸收的部分。这两个图分别对应两种不同的激光强度 S。一种激光强度为 $10^6 \, \text{W/cm}^2$,通过激光支持燃烧(laser supported combustion, LSC)现象使等离子体在空气中传播,对应图 6-22(a)。当激光引起的燃烧发生时,图中 α 值起初很高。这说明,等离子体离目标表面很近,并且有效地吸收了激光的能量再辐射到目标上。当等离子体离开目标时,α 减小并在很长的时间内保持在约 10%。这是因为等离子体的移动速度很慢,直到 $15 \mu\text{m}$ 后才开始从目标带走辐射能量。此时,Q 值的上升曲线开始变缓,一段时间后 Q 的总和不再变化。另一种激光强度为 $10^7 \, \text{W/cm}^2$,通过激光支持爆轰(laser supported detonation, LSD)现象使等离子体在空气中传播,对应图 6-22(b)。当该现象发生时,等离子体迅速从目标表面离开,Q 值降为零,α 降到非常低的水平(还不到 1%)。通过以上分析可以得出结论:在大气中,只有激光强度低于发生激光支持爆轰现象所需的能量阈值,等离子体的产生才会加强热耦合效应;只有激光的脉冲持续时间足够短,激光支持燃烧现象才不会减弱目标吸收的激光能量。

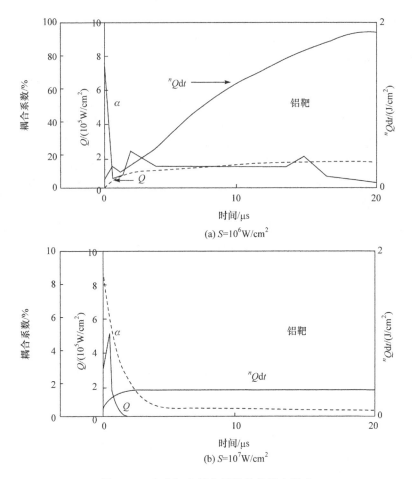

图 6-22　在大气中等离子体的热耦合效应

　　接下来,再看看等离子体在大气中的力学耦合效应。"激光支持爆轰"现象中产生的压强是非常高的,可达到 10~100 个大气压。这么高的压强施加在周边的物体上,将向目标传递一些冲量。理论与实验结果都一致反映了这一效应。图 6-23 给出了一个相对较为简单的模型,可以用来解释爆轰波产生冲量的物理过程。

　　图 6-23 显示一个激光支持爆轰波正从目标离开。当这个吸收冲击波向前移动时,不断与波前的空气剧烈作用,并在后方留下高温高压的气体。这些气体的初始压强为 P_0,大小与激光支持爆轰波有关。因为激光支持爆轰以超声速 u 快速传播,高温的气体会形成一个圆柱体并沿径向扩散,形成圆柱状的波峰。当气体从最初的半径 w(即激光波束的半径)扩散到 R 时,压强减小的倍数为 $(w/R)^2$。这与炸弹爆炸产生的高压气体扩散相似,只不过炸药爆炸的压强以 $1/R^3$ 的递减速率向三

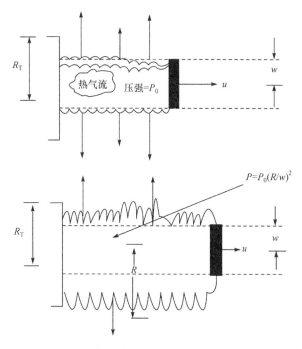

图 6-23　激光支持爆轰现象所产生的冲量

维空间(球形)扩散,而激光支持爆轰的压强以 $1/R^2$ 的递减速率向二维空间(圆柱径向)扩散。

扩散的气体对目标表面施加一个压强。施加在目标上的压力是个恒定值,因为随着气体的扩散压强减小,但同时施压面积在增加,力的大小是压强乘以施压面积。压强减小的速度是 $1/R^2$,施压面积增加的速度是 R^2,因此二者乘积保持不变。压强对目标的冲量,即某一时段内的力的总和随着时间呈线性增加,直到气体扩散到整个目标的边缘并包围目标,此时气柱半径为 R_T;或者气体的压强减小到与周围的大气压强相同,此时气柱停止扩散。对于较小的目标,受到的冲量与目标本身的面积有关,而不是与激光波束的面积有关;而对于较大的目标,认为冲量与目标的大小无关。

从目标损毁的角度看,上述结论有何意义呢?在确定损毁能量阈值时,压强与冲量都很重要。当发生爆轰波时,冲量多数可能是以较低压强施加在一大块面积上,而不是以较高压强仅仅施加在受辐照面积上。根据对质量为 m 的目标施加冲量 I 所传导的能量是 $I^2/(2m)$,可以得出:当压强所施加的目标面积与目标质量增加时,传导给目标的能量与应力将减小。因此,当发生爆轰波时,在确定能量是否超过损毁能量阈值之前,必须认真考虑目标物质冲量耦合系数 I^* 的测量数据。

3. 激光辐照大气击穿阈值

在标准大气压下,当静电场强度超过 $3 \times 10^3 \, V/m$ 时大气就被击穿。为了确定激光辐射对大气的电离效应,需要计算出激光束的有效静电场 E_e,令它产生的能量迁移与激光束振荡场产生的相等。该有效静电场与激光的均方根电场 E_L 有如下关系:

$$E_e = E_L [\nu_m^2/(\nu_m^2 + \nu'^2)]^{1/2} \tag{6-14}$$

式中,ν' 是激光辐射频率;ν_m 是电子-原子碰撞频率。

激光束的功率密度 q 与电场强度 E_L 之间有如下关系式:

$$q = E_L^2/\eta \tag{6-15}$$

式中,η 是自由空间的阻抗。

式(6-14)和式(6-15)给出用有效电场表示的激光束功率密度,得出

$$q = E_e^2 [(\nu_m^2 + \nu'^2)/\eta\nu_m^2] \tag{6-16}$$

对于空气,有 $\nu_m = 8 \times 10^{12} \, s^{-1}$ 和 $\eta = 377\Omega$。对于 CO_2 激光束,有 $\nu' = 3 \times 10^{13} \, Hz$。于是,使空气发生击穿的 CO_2 激光束的功率密度约为 $10^9 \, W/cm^2$,这与由试验得出的估算值 $q > 10^8 \, W/cm^2$ 比较一致。

使清洁空气击穿的激光功率由 Larson 给出:

$$q_b = 3.55 \times 10^{11}/\lambda^2 \, (W/cm^2) \quad (\lambda \text{ 单位为 } \mu m) \tag{6-17}$$

对于 CO_2 激光($\lambda = 10.6\mu m$),得到

$$q = 3.16 \times 10^9 \, (W/cm^2)$$

因此,在大气环境中使用强激光辐照靶标时,激光的功率密度首先不能超过导致空气击穿的阈值功率密度 q_b,以免激光束被击穿的大气吸收而不能到达靶标。

6.4 典型应用

6.4.1 激光清除空间碎片

空间碎片将给科学研究和生产生活造成巨大的经济损失和不便,所以治理空间碎片污染是一个紧急且重大的课题。国际惯例通常将空间碎片按尺寸大小分为三类,分别为小于 1cm、1~10cm 和大于 10cm 的空间碎片。对于尺寸小于 1cm 的空间碎片,通常的办法是采用被动结构防护方式;对于尺寸大于 10cm 的空间碎片,如果采用结构防护方式,卫星造价昂贵,发射成本升高,目前一般通过预警飞行来避开;对于尺寸在 1~10cm 的空间碎片,目前既无法机动规避,也难以采用结构防护方式,被国际公认为对航天器威胁最大的空间碎片。激光清除技术自 20 世纪 90 年代初提出后得到广泛关注,被认为是清除空间成千上万碎片较好的选择[130]。

　　根据激光清除碎片的效果,可把使用激光清除空间碎片的方法分为直接烧毁和烧蚀推移两种模式:

　　(1) 直接烧毁。直接烧毁是利用强大的连续波激光照射碎片,使其温度升高直至升华,直接在轨道将空间碎片烧毁,实现碎片清除,该模式主要针对微小空间碎片,考虑到精确探测微小空间碎片的难度,该种方案可实现性很小。

　　(2) 烧蚀推移。烧蚀推移是利用高能脉冲激光束照射碎片表面,产生类似于火箭推进的"热物质射流",为碎片提供一定的反冲冲量(图 6-24)来降低近地点高度,达到缩短碎片轨道寿命的目的,如图 6-25 所示。该模式主要针对较大的空间碎片,激光能量仅仅用于空间碎片的变轨,空间碎片烧毁是由于大气层的气动热影响。

图 6-24　激光辐照空间碎片获得反冲冲量原理示意图

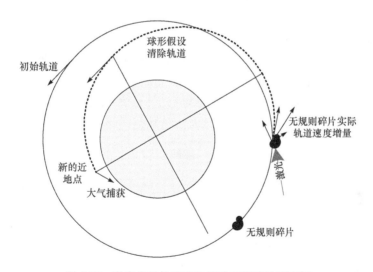

图 6-25　激光烧蚀推移离轨清除空间碎片原理图

　　有关研究表明[131],在理想情况下,使用烧毁和推移两种方式清除小于 10cm 的空间碎片,使用脉冲式推移方式清除空间碎片所需要的能量要比持续照射烧毁方式少许多。由于烧毁对激光系统的要求与工程实际差距太大,相关研究比较少,而更多研究关注烧蚀推移的清除方式。

　　按照激光器所在平台不同,激光推移清除碎片的方法主要可分为地基、天基两种类型。地基激光可提供较大的能量,技术相对成熟,但由于大气层的吸收作用损耗较大,且受到地理位置和距离影响,使得可工作空间范围有限。与地基激光清除方法相比,天基激光清除碎片的技术难度虽然较大,但可清除碎片的轨道范围更大,清除效率会有较大的提升(表 6-2)。因此,天基激光清除碎片能够克服地基清除方法的局限,并且效率相对更高。随着技术发展,未来天基激光清除空间碎片有望成为一种高效的方案。

表 6-2　激光清除方案对比表

清除方式	技术难度						清除效率			
	发射	平台稳定性	能量来源	能量储存	散热难度	维护难度	作用距离	连续作用时间	大气传输影响	跟踪发射方向
天基激光清除	成本高、难度大	难度大	地面输送或太阳能	难度大	大	大	近	可以更长	基本不受影响	避开地面的任意方向
地基激光清除	不需要	难度小	化学能或其他	容易	较小	较小	远	短	影响很大	>地平线以上 30°

1. 地基激光推移清除碎片

利用地基激光推移空间碎片的清除技术很早就得到国际上航天大国的重视。1993 年美国 Sandia 国家实验室的 Monroe 提出利用核能泵浦的地基激光系统清除近地轨道空间碎片。系统使用连续氩氙激光器 FALCON,输出波长为 1733nm,功率为 5MW,发射口径为 10m,采用自适应光学系统,能够清除轨道高度为 350～450km 的厘米级空间碎片[132]。利用该系统清除空间碎片的过程如图 6-26 所示。

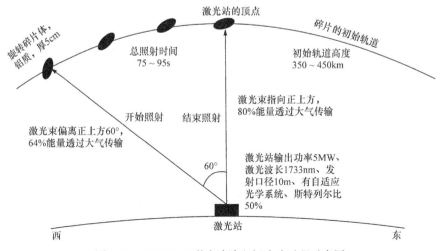

图 6-26　FALCON 激光清除空间碎片过程示意图

1993 年,美国洛斯阿拉莫斯国家实验室的 Phipps 等也提出了"激光扫帚" (LISK-BROOM)清除轨道碎片的概念,作为"激光脉冲空间推进"(LISP)理论的特殊应用。鉴于"激光扫帚"的诱人前景,NASA 和美国空军 1995 年联合发起了一项旨在利用地基激光清除低轨空间碎片的研究计划。该计划由 NASA 总部先进概念办公室承担,NASA 马歇尔空间飞行中心管理,研究团队由空军菲利普斯实验室、MIT 林肯实验室、NASA 飞行中心、Northeast 科技、Photonic 协会和 Sirius 集团等机构组成。1996 年,该项目正式定名为 ORION 计划,包括轨道碎片的地基探测和激光清除两部分。按照实现的步骤,ORION 计划分为两个子目标:

(1) 子目标 A:保护 800km 以内的国际空间站和其他低轨资产。

(2) 子目标 B:保护 1500km 以内所有的地球轨道资产。

ORION 计划中激光清除轨道碎片的构想是,在轨道碎片以 7~8km/s 的速度接近激光站的过程中,将脉冲激光迎头聚焦到碎片表面,烧蚀表面上很薄的一层物质,形成的喷射气流对碎片作用的冲力矢量与碎片运动方向相反,对其起到"刹车"的作用,使其减速。轨道动力学分析表明,轨道高度低于 1000km 的碎片,仅需使其减速 100~400m/s,就足以引起碎片重入大气层并燃烧,达到清除轨道碎片的目的。考虑到成本和能源供给的问题,将激光器放置在地面上,仅损失部分激光能量和减速冲力矢量。

然而,在 20 世纪 90 年代 ORION 计划概念太新,许多关键技术难度极大,研究进展非常缓慢。最关键的问题是当时项目所论证的 20kJ、10ns、1Hz 的高能激光技术尚未得到有效突破。其间,美国空军也提出了利用机载激光(ABL)的连续加 2~5MW COIL 激光,结合 Maui 的"先进电光系统"(AEOS),进行清除轨道碎片的设想,最后也不了了之。

时隔 13 年之后,激光技术有所进展,DARPA 和 NASA 又重提 ORION 计划。为此,美国负责脉冲固体激光器研究的洛斯阿拉莫斯国家实验室响应 DARPA 管理的"接球手手套"项目发布的信息请求,于 2009 年 10 月 31 日提交了"High Energy Laser for Space Debris Removal"技术报告,对项目所需的高重频高平均功率固体激光技术的可行性进行了评估[133]。

目前有几个项目对高重频率核聚激光进行了研究。在水星(Mercury)项目中,作为 IFE(inertial fusion energy)项目的一部分研究内容,美国劳伦斯利弗莫尔国家实验室(LLNL)已经具备了建造二极管泵浦 Yb:S-FAP 固体激光器的能力,其通过高速氦气进行冷却。法国的 LUCIA 项目使用 Yb:YAG 材料产生高重频率激光,这种材料容易制造,但是吸收率和散热面积小,影响激光器的设计。日本的 HALNA 计划使用 Nd:glass(钕玻璃)激光,此项目由于经费原因而搁浅。德国的北极星计划使用 Yb:glass(镱玻璃)激光,研究可用于 Petawatt 应用的短脉宽激光。鉴于水星项目激光器是目前最先进的激光技术,表 6-3 详细分析了如何对其进行改进以达到空间碎片清除要求。

表 6-3　空间碎片清除方案的激光器参数

系统	标准 10ns	Phipps 1ps	水星激光器
激光脉宽	10ns	1ps	2ps
发射境口径	6m	10m	10m
脉冲能量	15kJ	150J	100J
大气中能量密度	50mJ/cm²	0.2mJ/cm²	0.13mJ/cm²
重复频率	2Hz	65Hz	10Hz
平均功率	30kW	10kW	1kW
大气传输限制因素	SRS	非线性折射	非线性折射
瞄准精度	600nrad	360nrad	360nrad
清除时间	2 年	2 年	2 年
峰值强度	0.5GW/cm²	200GW/cm²	70GW/cm²
峰值能量密度	5J/cm²	0.2J/cm²	0.14J/cm²

水星激光器的核心是能量放大器,它的工作频率是 10Hz,输出能量是 100J。水星激光器利用三种创新方法产生高功率、高重频率的激光用于驱动激光核聚变实验。

第一,通过氦气高速流过薄激光平板表面进行废热处理。通过激光材料在激光传播方向上的热梯度控制减小光学失真,同时也有利于传导散热,如图 6-27(a)所示。

第二,使用二极管激光而不是闪光灯给激光材料充电,这样激光器就可以持续工作,如图 6-27(b)所示。

第三,使用 Yb:S-FAP 作为激光增益介质而不是 Nd:glass,其有利于冷却热传导、延长泵浦储能时间和减少废热产生。

在 www.space.com 网站上,专栏作家戴维发表了对 NASA 物理学家坎贝尔的采访。坎贝尔说,用激光清除轨道碎片的概念,无论使用地基装置、机载设备还是天基系统,在过去这些年中都已经获得了极大的发展。坎贝尔指出,由他管理的早期 ORION 计划评估发现,在空间飞行预算的背景下,地基激光清除轨道碎片是可行的且能够负担得起的。清除每个目标仅需约 2000 美元的花费。

由于激光和相关传感器技术的持续进步,坎贝尔的观点是,比起 20 世纪 90 年代,地基激光装置更加有效和更能负担得起。坎贝尔说,由于所有技术都只能作为轨道碎片问题的局部解决方案,在低地球轨道有大量的致命目标,面对如此严峻的形势,只有激光技术在合理的时间框架内,才有希望经济地清除成千上万个目标。

(a) 氪气冷却放大器　　　　　　　　　　　(b) 二极管泵浦阵列

图 6-27　水星激光器

"有大约 30 万个大于 1cm 的目标,并且它们以极高的速度(7～8km/s)运动。解决这么大数量目标的唯一方法就是使用激光技术",坎贝尔强调,"轨道碎片清除是一个复杂的问题,人类将需要一个技术保护伞,来做完整的解决方案"。

2. 天基激光清除碎片

2002 年,德国学者 Schall 提出了利用天基激光清除空间碎片的概念,研究了在国际空间站利用天基高能激光规避空间碎片撞击和予以清理的可行性,计算了不同几何关系时碎片的速度变化。2004 年,彭玉峰等[134]从理论上分析了强激光清除空间碎片的力学行为,给出了强激光清除空间碎片过程中,随推进深度的变化,激光功率密度的改变及相应的推进速度,根据流体力学问题,推导出强脉冲激光作用在空间碎片上时的烧蚀率及碎片受到的推力。2010 年,Vasile 等提出了机动的天基平台与空间碎片形成构型,将太阳光直接聚能或者泵浦激光沿着碎片速度的反方向持续清理作用于 LEO 和 GEO 的空间碎片,估算了清理碎片需要的速度增量和时间。2013 年,Smith 等提出了天基平台持续机动以提供高能脉冲激光持续作用空间碎片形成一种"拖曳"力,清理空间 200kg 碎片的方案,估算了清理需要的速度增量和时间。2014 年,ORION 计划的首席科学家 Phipps 分析指出,连续激光的功率密度低,要达到烧蚀阈值,出光口径难以接受。因此,高能脉冲激光是激光清除碎片的首选,并指出天基激光清除空间碎片的作用角度是决定清理效率的主要因素。2015 年,韩威华等推导了天基高能激光清除 GEO 碎片的最佳角度解析关系,分析了天基平台接近碎片过程以及相对碎片空间位置和姿态的相互影响,建立了激光清除 GEO 碎片的天基平台的轨道姿态耦合动力学模型。

由于天基激光清除空间碎片技术难度较高,一直停留在概念机理研究阶段,未形成系统性的任务方案和技术体系。随着近年来高能激光器和系统总体技术的快速发展,天基激光系统的技术日益可行,开展关键技术与系统总体研究的意义也就越来越大。

表 6-4 是德国航天研发中心 Wolfgang 对天基激光站系统的参数设计。激光器单脉冲能量为 1kJ,重复频率为 100Hz,平均功率为 100kW,脉宽为 100ns,波长为 1~2μm;发射镜直径≤2.5m,作用距离为 100km。这种激光器有望利用已有设备搭建起来。

表 6-4　天基激光站系统参数设计

设计参数		分析结论
初始圆轨道:高度 500km; 降轨后轨道:近地点高度 100km,大气烧毁		所需速度增量为 115m/s
激光器:单脉冲能量 1kJ,重频 100Hz,脉宽 100ns, 波长 1~2μm		平均功率 100kW
发射镜:直径≤2.5m,作用距离 100km		远场光斑直径 10cm
目标碎片:直径 10cm,质量 100g		能量密度 $10J/cm^2$,功率密度 $10^8 W/cm^2$
铝材料	冲量耦合系数 $2 \times 10^{-5} N \cdot s/J$	(最小)烧蚀质量比 37%
	烧蚀率 80μg/J	
碳材料	冲量耦合系数 $1.38 \times 10^{-5} N \cdot s/J$	(最小)烧蚀质量比 10%
	烧蚀率 12.5μg/J	

2014 年,Phipps 提出利用紫外激光进行天基清除碎片系统的方案。紫外激光器选择掺钕或是掺镱激光介质的激光器,其波长为 355nm 或 343nm,脉冲能量为 1J,脉宽 100ps。系统中光学部件主要由两个望远镜系统组成:一个是为了捕获目标,由望远镜系统和阵列探测器组成,主要采集碎片对太阳光的反射,以此来确定目标的特性;另一个是离轴的卡式望远镜系统,用来精确控制激光束束腰半径与聚焦位置[135],如图 6-28 所示。

2014 年,Soulard 等[136]研究了基于 ICAN 光纤激光器在 ISS 平台上设计碎片清除系统(图 6-29)。每单个光纤激光的能量是 1mJ,波长选为 1μm。通过相位耦合合束,每次脉冲输出的能量可达到 1~100J,重频在千赫兹量级,脉宽约 100ps。整个系统主要由太阳能板提供千瓦量级的功率。

为了使激光可以有效烧蚀 100km 外的空间碎片,利用卡式望远镜结构的透镜组将光束扩束到米级。在这里主镜和副镜的机械运动与聚焦过程必须保证十分精确。这套系统同时也可以反过来,用于采集来自高速空间碎片的反射光,从而对碎片的表面材质、碎片的姿态、角度与方向进行判定。

该系统的工作模式有三种:扫描模式、追踪模式与烧蚀模式(图 6-30)。

(1)扫描模式:利用镜面调整使激光光束对百千米外的空间进行扫描,寻找存

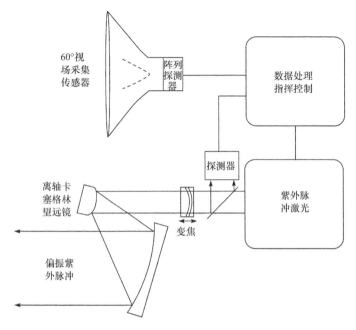

图 6-28 L'ADROIT 系统框图

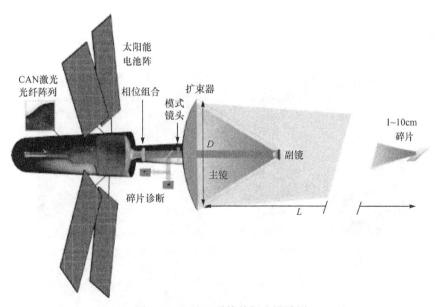

图 6-29 ICAN 系统的概念设计图

在的碎片。

（2）追踪模式：当碎片被锁定后，马上对碎片的尺寸与轨迹进行确认，同时在攻击之前，撤掉反射镜。

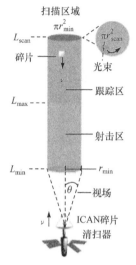

图 6-30　ICAN 系统的三种工作模式

（3）烧蚀模式：碎片接近到有效距离内利用高能脉冲激光对其进行烧蚀[136]。

2015 年，Toshikazu 在 ICAN 原理上研究了缩小版的系统方案（图 6-31）。为了配合日本理化学研究所 EUSO 小组研发的超广角视场望远镜（JEM-EUSO）的波长范围，选用 355nm 光纤激光器，而且提高了 ICAN 的耦合效率和系统各方面的精度[137]。可见，利用天基激光器清除空间碎片的相关技术已基本成熟，为系统总体设计和实现提供了可能。

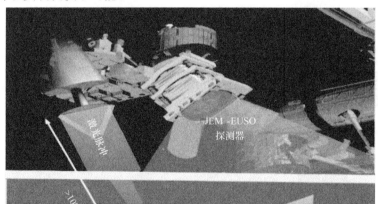

图 6-31　Mini-EUSO 激光清除系统

6.4.2 激光推进

激光推进技术是聚焦高能激光与工作物质（简称工质）相互作用，击穿工质产生等离子体，这一过程又称为光学脉冲放电（optical pulsed discharge, OPD），等离子体形成的激波（shock wave, SW）与喷管耦合产生推力，推动飞行器前进的新概念推进技术，其中聚焦激光形成的等离子体区域又称为点火区。相对传统的推进技术，激光推进技术具有比冲大、成本低、机动性好和可靠性高等优点，在微型卫星发射和为临近空间飞行器提供动力方面有着广泛的应用前景。激光推进按照激光器工作方式分为连续激光推进和脉冲激光推进，按照是否消耗自身携带工质分为烧蚀模式激光推进和吸气模式激光推进[138]。

激光推进是利用远距离高能激光加热工质，使得工质气体热膨胀或者产生电流间接产生推力，推动飞行器前进的新概念推进技术，驱动的飞行器有火箭、无人机等。用于火箭驱动时，具有比冲高、有效载荷比大、发射成本低等优点，可广泛用于微小卫星姿态和轨道控制等领域。应用于卫星近地轨道发射时，可使发射成本降低至每千克几百美元，远远低于目前化学火箭每千克上万美元的发射成本，因而受到各国广泛关注。

图 6-32 所示的光船是在光船技术演示（lightcraft technology demonstrator, LTD）计划中伦塞勒工学院 Myrabo 教授研制的光船，简称 Myrabo 光船或光船。Myrabo 光船是将激光推进推力器和卫星本身硬件系统紧密结合在一起的激光推进飞行器。Myrabo 光船的推力器在大气中能以吸气模式工作，穿出大气后能以火箭模式工作。Myrabo 光船包括前部、后部和环形护套。前部像一个"减速伞"，可作为外部空气压缩表面（吸气式发动机进气口）。后部的抛物面有两种作用，既

图 6-32 Myrabo 光船

可作为接收激光束的主要光学系统(抛物形反射镜面),又可作为气体膨胀表面(塞式喷管壁面)。环形护套和塞式喷管是产生推力的主要结构,爆轰波在环形护套壁面附近形成。环形护套在吸气模式下,既作为进气口又作为推力作用面。光船以火箭模式工作时,进气口处于关闭状态,后部抛物形面和环形护套一起构成推力室。三个主要结构(前部、环形护套、后部)有一个周边支撑框架连接在一起,所有内部子系统都连接在此支撑框架上。光船都是使用 CNC 车床加工而成,材质是铝材。光船反射镜表面没有进行额外的打磨和加防护层。

　　光船自由飞行高度是能够表征光船发展状况的有效标志之一。1996~2000年,LTD 研究计划已在白沙导弹实验基地共进行了 23 次综合性实验。2000 年 10 月 2 日的飞行试验,光船飞行高度为 71m,光船直径为 12.2cm,飞行时间为 12.7s,光船以聚甲醛树脂为烧蚀工质,在飞行前将光船加旋到 10000r/min。光船没有明显的损伤,还能再次飞行。除了建立了一个新纪录,这个光船同时也演示了最长时间的激光推进自由飞行和最长的空中停留时间。

　　美国空军和 NASA 发起的 LTD 计划的目标是用地基激光廉价地大量发射微卫星。该计划宏伟的设想是通过光船概念一体化设计实现光船发射入轨。这个概念包括:用 100MW 激光器将直径为 2m、初始质量为 1000kg 的光船发射到地球近地轨道;20km 高度以下,光船以吸气推进模式工作,接下来转换到火箭模式,使用光船自带的工质垂直上升达到 100km 高度;在 100km 高度处,光船转弯,加速度方向与水平线夹角为 5°~6°。发射时间预计为 15min,飞行 1000km 路程时,燃料用尽,光船入轨。估计送入轨道的有效载荷为 150kg。光船入轨后将成为自主的探测卫星,能够传送精确的、高品质的信息。发射过程如图 6-33 所示。

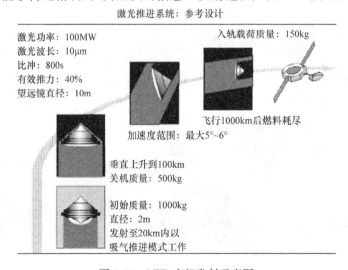

图 6-33　LTD 光船发射示意图

2006 年,Richard 和 Myrabo 等利用 SORT(simulation and optimization of rocket trajectories)软件包,进一步研究了各种细化的发射方案。Richard 提出了两种用 100MW 级的地基激光器将直径为 1.4m、入轨质量为 120kg 的光船发射进入近地轨道的方案。一种方案的发射程序是:光船先经空气弹射装置加速到 100m/s,0.5s 后光船推力器以吸气模式开始工作,在光船飞行到 35km 高度,速度达到 7Ma 后,光船推力器转为火箭模式,一直推进到 185km 高度,速度达到 8km/s。在推进过程中,光船的倾角一直保持恒定(30°)。光船速度达到 8km/s 后,继续自由飞行,在入轨点,光船还需一个化学火箭发动机将光船推入轨道,其轨道高度最高可达 2000km。另一种方案是利用中继卫星,当光船高度达到 200km 时,激光通过中继卫星将能量传送到光船推力器内,光船不需化学火箭发动机即可进入 200km 高度的轨道。

参 考 文 献

[1] http://auto. huanqiu. com/autoculture/2012-09/3096860. html.

[2] http://www. dsti. net/Information/News/97191.

[3] http://baike. haosou. com/doc/5687221-5899911. html.

[4] http://baike. haosou. com/doc/5981717-6194682. html.

[5] http://baike. baidu. com/view/949041. htm.

[6] http://blog. sina. com. cn/s/blog_4be277ed0100bm80. html.

[7] 任之恭. 微波量子物理学. 北京：科学出版社，1980.

[8] Shabir B, Saikat G, Christian W, et al. Microwave quantum illumination. Physical Peview Letters,2015, 114(8)：1-5

[9] https://en. wikipedia. org/wiki/Hypervelocity♯cite_note-AIAA-1.

[10] http://www. kejixun. com/article/201511/138151. html.

[11] Gilbert G K. The Moon's face：A study of the origin of its features. Philosophical Society of Washington Bulletin,1893,12：241-292.

[12] Kaula W M. Thermal evolution of Earth and Moon growing by planetesimal impacts. Journal of Geophysical Research Solid Earth,1979,84(133)：999-1008.

[13] Alvarez L W, Alvarez W, Asaro F,et al. Extraterrestrial cause of the Cretaceous/Tertiary extinction. Science,1980, 208(4448)：1095-1108.

[14] Sharpton V L, Dalrymple G B, Marin L E, et al. New links between the Chicxulub impact structure and the Cretaceous/Tertiary boundary. Nature,1992,359：819-821.

[15] Boslough M B, Chael E P, Trucano T G,et al. Axial focusing of energy from a hypervelocity impact on earth. International Journal of Impact Engineering,1995,17(1-3)：99-108.

[16] Taylor G J. The scientific legacy of Apollo. Scientific American, 1994, 271(1)：26-33.

[17] http://baike. so. com/doc/6058363-6271410. html.

[18] Jonas A Z. High Velocity Impact Dynamoics. New York：John Wiley & Sons, Inc. ,1990.

[19] https://en. wikipedia. org/wiki/Wave_equation.

[20] http://baike. baidu. com/item/波动方程/1613956.

[21] http://baike. baidu. com/view/364890. htm♯3.

[22] Nowacki W K. Stress Waves in Non-elastic Solids. London：Pergamon Press, 1978.

[23] http://baike. so. com/doc/4664289-4877787. html.

[24] Li Y Y, Shen H R, Li Z. SPH method and its application in hypervelocity impact//3rd International Conference on Advanced Computer Theory and Engineering, Chengdu, 2010：23-26.

[25] 张忠,陈卫东. 基于物质点法的超高速碰撞问题研究. 哈尔滨工程大学学报,2010, 31(10):1312-1316

[26] Drolshagen G. Effects of Hypervelocity Impacts from Meteoroids and Space Debris. ESA TEC-EES/2005. 302/GD,2005.

[27] 马上. 超高速碰撞问题的三维物质点法模拟[硕士学位论文]. 北京:清华大学,2005.

[28] 周劲松,杨德庄. 高速碰撞下弹坑的成坑规律研究. 哈尔滨工业大学学报,1999,31(3): 132-136.

[29] 管公顺. 航天器空间碎片防护结构超高速撞击特性研究[博士学位论文]. 哈尔滨:哈尔滨 工业大学,2006.

[30] Drolshagen G. Impact effect from small size meteoroids and space debris. Advances in Space Research,2008, 41(7): 1123-1131.

[31] 蔡明辉,吴逢时,李宏伟. 空间微小碎片超高速碰撞诱发的等离子体特性研究. 物理学报, 2014, 63(1):4576-462.

[32] Ernst C M, Schultz P H. Effect of initial conditions on impact flash decay. Geological Sciences,1999, (11):1846.

[33] 唐恩凌,张庆明,张健,等. 铝-铝超高速碰撞发光现象的初步实验测量. 航空学报,2009, 30(10):1895-1899.

[34] 李宏伟,韩建伟,吴逢时,等. 微小空间碎片撞击发光信号监测及应用研究. 空间碎片研 究及应用,2015, 15(2):22-28.

[35] 杨继运,龚自正,张文兵,等. 微米级空间碎片超高速撞击地面试验技术的研究进展. 宇航 学报,2008,29(4): 1112-1119.

[36] 邓云飞. 二级轻气炮超高速撞击实验测控系统研究[硕士学位论文]. 哈尔滨:哈尔滨工业 大学,2008.

[37] 王东方,肖伟科,庞宝君. NASA 二级轻气炮设备简介. 实验流体力学,2014, 28(4): 99-104.

[38] 肖元陆. 三级轻气炮内弹道过程数值仿真与参数优化[硕士学位论文]. 南京:南京理工大 学,2014.

[39] 李宏伟. 微小空间碎片撞击效应研究[博士学位论文]. 北京:中国科学院研究生 院,2010.

[40] 谢爱民,黄洁,宋强,等. 多序列激光阴影成像技术研究及应用. 实验流体力学,2014, 28(4): 84-88.

[41] Christiansen E L. Shielding Sizing and Response Equations. Houston:NASA Johnson Space Center,1991.

[42] 贾斌,盖芳芳,马志涛,等. 5A06 铝合金单层板超高速撞击弹道极限分析. 材料科学与 工艺,2007, 15(5): 636-639.

[43] 闫军,曲广吉,郑世贵. 空间碎片超高速撞击弹道极限方程的研究评述. 航天器工程, 2005, 14(2): 42-46.

[44] Christiansen E L. Design and performance equations for advanced meteoroid and debris

shields. International Journal of Impact Engineering,1993,14(1)：145-156.

[45] 徐小刚，贾光辉，黄海，等.双层板高速撞击弹道极限方程综合建合建模.系统仿真学报，2011，23(1)：172-176.

[46] 贾光辉，张平，李轩，等.双层板弹道极限方程的速度区间修正方法.空间碎片研究与应用，2012，12(4)：25-30.

[47] 贾光辉，欧阳智江，蒋辉，等.Whipple 防护结构弹道极限方程的多指标修正.宇航学报，2012，34(12)：1651-1656.

[48] Maiden C J, Gehring J W, McMillan A R. Investigation of Fundamental Mechanism of Damage to Thin Targets by Hypervelocity Projectiles. NASA TR63-225,General Motors Defense Research Laboratory,1963.

[49] Rolsten R F, Wellnitz J N, Hunt H H. An example of hole diameter in thin plates due to hypervelocity impact. Application Physical,1964，34(3)：556-559.

[50] Sawle D R. Hypervelocity impact in thin sheets, semi-infinite targets at 15km/s//AIAA Hypervelocity Impact Conference,Cincinnati,1969：369-378.

[51] Hosseini M, Abbas H. Growth of hole in thin plates under hypervelocity impact of spherical projectiles. Thin-Walled Structures, 2006, 44(9)：1006-1016.

[52] Hill S A. Determination of an empirical model for the prediction of penetration hole diameter in thin plates from hypervelocity impact. International Journal of Impact Engineering, 2004, 30(3)：303-321.

[53] Schonberg W P. Hypervelocity impact penetration phenomena in aluminum space structures. Journal of Aerospace Engineering, 1990, 3(3)：173-185.

[54] Hosseini M, Abbas H. Neural network approach for estimation of hole-diameter in thin plates perforated by spherical projectiles. Thin-Walled Structures, 2008, 46(6)：592-601.

[55] de Chant L J. A explanation for the minimal effect of body curvature on hypervelocity penetration hole formation. International Journal of Solids Structure, 2004, 41 (15)：4163-4177.

[56] 张庆明，黄风雷. 超高速碰撞动力学引论. 北京：科学出版社，2000.

[57] Piekutowski A J. Formation and Description of Debris Cloud Produced by Hypervelocity Impact. NASA CR-4707, 1996;98,99.

[58] 迟润强. 弹丸超高速撞击薄板碎片云建模研究[博士学位论文]. 哈尔滨：哈尔滨工业大学，2010.

[59] Corvonato E, Destefanis R, Faraud M. Integral model for the description of the debris cloud structure and impact. International Journal of Impact Engineering,2001,21(1-10)：115-128.

[60] Grady D E. The spall strength of condensed matter. Journal of Mechanics Physics Solids, 1988, 36(3)：353-384.

[61] Grady D E, Swegle J W, Ang J A. Analysis of Prompt Fragmentation. Sandia National Laboratories Report，SAND91-0483,1990.

［62］Kipp M E, Grady D E, Swegle J W. Experimental and Numerical Studies of High-Velocity Impact Fragmentation. Sandia National Laboratories Report, SAND93-0773, 1993.

［63］Grady D E, Kipp M E. Impact Failure and Fragmentation Properties of Metals. Office of Scientific & Technical Information Technical Reports, DE98004766, 1998.

［64］Schafer F K. An engineering fragmentation model for the impact of spherical projectiles on thin metallic plates. International Journal of Impact Engineering, 2006, 33 (1-12): 745-762.

［65］王礼立, 朱兆祥. 应力波基础. 北京:国防工业出版社, 1985.

［66］Kipp M E, Grady D E, Swegle J W. Numerical and experimental studies of high-velocity impact fragmentation. International Journal of Impact Engineering, 1993, 14:427-438.

［67］de Chant L J. Validation of a computational implementation of the grady-kipp dynamic fragmentation theory for thin metal plate impacts using an analytical strain-rate model and hydrodynamic analogues. Mechanics of Materials, 2005, 37(1): 83-94.

［68］White F M. Viscous Fluid Flow. New York: McGraw-Hill, 1991.

［69］de Chant L J. High velocity penetration depth relationships based on Kinematic wave and elementary boundary layer concepts. Advances in Space Research, 2004, 41:4163-4177.

［70］de Chant L J. A dynamic pressure/quasi-steady mass conservation approximation based Kinematic wave model for high speed flows. International Journal of Nonlinear Mechanics, 2004, 30:303-321.

［71］蒋彩霞. 超高速撞击碎片云损伤建模[硕士学位论文]. 哈尔滨:哈尔滨工业大学, 2007.

［72］曹燕, 牛锦超, 牟永强, 等. CAST 激光驱动微小飞片及其超高速撞击效应研究进展. 航天器环境工程, 2015, 32(2):162-175.

［73］都亨, 张文祥, 庞宝君, 等. 空间碎片. 北京:中国宇航出版社, 2007.

［74］侯健, 韩增尧, 曲广吉, 等. 航天器空间碎片防护结构设计技术的研究进展. 航天器工程, 2005, 14(2):75-82.

［75］庞宝君, 刘治东, 张凯, 等. 空间碎片撞击在轨感知技术研究综述. 航天器环境工程, 2010, 27(4):412-419.

［76］李怡勇. 航天器碰撞解体及其影响研究[博士学位论文]. 北京:装备指挥技术学院, 2009.

［77］Hanada T, Liou J C, Nakajima T, et al. Outcome of recent satellite impact experiments. Advances in Space Research, 2009, 44(5):558-567.

［78］兰胜威, 柳森, 李毅, 等. 航天器解体模型研究的新进展. 实验流体力学, 2014, 28(2):73-78.

［79］柳森, 兰胜威, 马兆侠, 等. 卫星超高速撞击解体碎片特性的试验研究. 宇航学报, 2014, 33(9):1347-1353.

［80］Remillard S K. Debris Production in Hypervelocity Impact ASAT Engagements. ADA230467, 1991.

［81］The NASA Orbital Debris Program Office. Satellite breakups during first quarter of 2008.

Orbital Debris Quarterly News，2008，12(2)：1-2.

[82] 柳森,兰胜威,李毅,等. CARDS-SBM 卫星碰撞解体模型研究. 空间碎片研究与应用，2014，14(2)：35-41.

[83] 柳森,兰胜威,马兆侠,等. 卫星超高速撞击解体碎片特性的试验研究. 宇航学报，2012，33(9)：1347-1353.

[84] 李怡勇，沈怀荣，李智. 空间碎片环境危害及其对策. 导弹与航天运载技术，2008，(6)：31-35.

[85] Flury W, Klinkrad H, Janin G, et al. Measurements and modeling of the space debris environment//45th International Astronautical Congress,Jerusalem,1994.

[86] Johnson N L. The world state of orbital debris measurements and modeling. Acta Astronautica，2004，54(4)：267-272.

[87] 王海福，冯顺山，刘有英. 空间碎片导论. 北京：科学出版社,2010.

[88] 曹玉辉. 基于历史轨道数据的空间碎片环境建模研究[硕士学位论文]. 长沙：国防科技大学，2013.

[89] https://orbitaldebris. jsc. nasa. gov/modeling/engrmodeling. html,2017. 10.

[90] 刘晓东. 基于探测数据获取空间碎片轨道参数方法研究[硕士学位论文]. 哈尔滨:哈尔滨工业大学，2014.

[91] 李怡勇，李智，沈怀荣. 美国海基导弹拦截卫星任务的毁伤分析. 航天控制，2009，27(2)：100-104.

[92] 李怡勇，李智，沈怀荣. 美俄卫星撞击碎片分析. 装备指挥技术学院学报，2009，20(2)：59-63.

[93] 尚力. 地球毁灭的两种方式:星系碰撞或太阳毁灭. 新科幻:科学阅读版，2012，(8)：15.

[94] 欧阳自远. 月球科学概论. 北京：中国宇航出版社，2005.

[95] Huang Q, Ping J S, Su X L, et al. New features of the Moon revealed and identified by CLTM-s01. Science in China Series G：Physics, Mechanics and Astronomy, 2009, 52(12)：1815-1823.

[96] 王娇，程维明，周成虎. 全月球撞击坑识别、分类及空间分布. 地理科学进展，2015，34(3)：330-339.

[97] 张玥. 月球表面地形数据分析及仿真研究[硕士学位论文]. 长沙:国防科技大学，2008.

[98] 紫晓. 二十年前的惊天大撞击. 中国国家天文，2014，(9)：14-25.

[99] Beatty J K. 木星再遭撞击. 申阶,译. 中国国家天文，2009，(11)：118-123.

[100] 罗祖德，郑燕. 太空"车祸"-星灾. 华东科技，1998，(12)：31-33.

[101] 赵煜. 科学家揭示地球生命奥秘:小行星撞击或是地球宜居的关键. 科技中国，2015，(8)：61.

[102] 欧阳自远. 小行星撞击地球的"祸"与"福". 国土资源导刊，2013，10(5)：86.

[103] 埃里克·亚古尔. 如果一颗直径 10 千米的小行星撞击地球,会怎么样?. 大科技:科学之谜，2015，(7)：58.

[104] Canup R M，Righter K. Origin of the Earth and Moon. Tucson：University of Arizona Press，2000.

[105] 陈育和. 一个月诞生月球. 飞碟探索，2004，(5)：12.

[106] 肖龙. 行星地质学. 北京：地质出版社，2013.

[107] 李娜. 科学家重申小行星撞击地球风险. 科技导报，2014，32(35)：9.

[108] Noah S，Alan H，Craig B. Mission architectures and technologies to enable NEO shield，a global approach to NEO impact threat mitigation//63rd International Astronautical Congress，Paris，2013.

[109] 阳光. 小行星撞击任务选定目标. 太空探索，2013，(4)：24.

[110] 张梦然. 欧洲拟斥 2.25 亿英镑造两艘太空船撞击小行星. 卫星与网络，2013，(4)：56.

[111] 李飞，孟林智，王彤，等. 国外近地小行星撞击地球防御技术研究. 航天器工程，2015，24(2)：87-95.

[112] 林小春. 美国"深度撞击"彗星探测项目宣告结束. 中国科技信息，2013，(19)：3.

[113] 阳光. 美"深度撞击"探测器报废. 太空探索，2013，(11)：32.

[114] 魏俊霞. 星系大碰撞——40 亿年之内，银河系将与仙女星系相撞！人类的家园将会怎样?. 科学世界，2015，(12)：16-47.

[115] Philip E N. Effects of Directed Energy Weapons. Washington D. C.：National Defense University Press，1994.

[116] 黄卓然. 高能重离子碰撞导论. 张卫宁，译. 哈尔滨：哈尔滨工业大学出版社，2002.

[117] 全军军事术语管理委员会，军事科学院. 中国人民解放军军语(全本). 北京：军事科学出版社，2011.

[118] Kitamura S. Large space debris reorbiter using ion beam irradiation//61st International Astronautical Congress，Paris，2010.

[119] Ruault J M，Desjean M C，Bonnal C，et al. From identication of problematics to in flight demonstration preparation//First European Workshop on Active Debris Removal，Paris，2010.

[120] Bombardelli C，Peláez J. Ion beam shepherd for contactless space debris removal. Journal of Guidance，Control，and Dynamics，2011，34(3)：916-920.

[121] Bombardelli C，Urrutxua H，Merino M，et al. Dynamics of ion-beam-propelled space debris//22nd International Symposium on Space Flight Dynamics，Brazil，2011.

[122] Bombardelli C，Urrutxua H，Pelaez J，et al. Space debris removal with an ion beam shepherd satellite：Dynamics and control//62nd International Astronautical Congress，Paris，2011.

[123] Merino M，Ahedo E，Bombardelli C，et al. Space debris removal with an ion beam shepherd satellite：Target-plasma interaction//47th AIAA/ASME/SAE/ASEE Joint Propulsion Conference & Exhibit，San Diego，2011.

[124] Philip E N. Effects of Directed Energy Weapons. Washington D. C.：National Defense University Press，1994.

[125] 康小卫，陈龙，陈洁，等.大气环境下飞秒激光对铝靶烧蚀过程的研究.物理学报，2016，65(5)：197-203.

[126] 沈超，程湘爱，田野，等.1064 nm 纳秒激光对熔石英元件后表面击穿的实验与数值研究.物理学报，2016，65，(15)：143-153.

[127] 邱冬冬.激光对硅太阳能电池和硅 CCD 的损伤效应研究[硕士学位论文].长沙：国防科技大学，2010.

[128] 李清源.强激光对飞行器的毁伤效应.北京：中国宇航出版社，2012.

[129] Nielsen P E. High-intensity laser-matter coupling in a vacuum. Journal of Applied Physics，1979，50(6)：3398-3943.

[130] 李怡勇，王卫杰，李智，等.空间碎片清除.北京：国防工业出版社，2014.

[131] 彭玉峰，盛朝霞，张虎，等.强激光清除空间碎片的力学行为初探.应用激光，2004，24(1)：24-26.

[132] Monroe D K. Space debris removal using a high-power ground-based laser//AIAA Space Programs and Technologies Conference and Exhibit，Huntsville，1993：1-5.

[133] Barty C P, Caird J A, Erlandson A E, et al. High energy laser for space debris removal. LLNL-TR-419114，2009.

[134] 彭玉峰，盛朝霞，张虎，等.强激光清除空间碎片的力学行为初探.应用激光，2004，24(1)：23-25.

[135] Phipps C R. L'ADROIT—A spaceborne ultrviolet laser system for space debris clearing. Acta Astronautica，2014，104(1)：243-255.

[136] Soulard R，Quinn M N，Tajima T，et al. ICAN：A novel laser architecture for space debris removal. Acta Astronautica，2014，105(1)：192-200.

[137] Ebisuzaki T，Quinn M N，Wadas，et al. Demostration designs for the remediation of space debris from the International Space Station. Acta Astronautica，2015，112：102-113.

[138] 何振.激光推进光船构型与地基激光发射船任务的分析与设计[博士学位论文].长沙：国防科技大学，2008.

[139] http://baike. so. com/doc/6712983-6927024. html.

[140] http://baike. baidu. com/subview/2785/15805892. htm.

[141] http://baike. baidu. com/item/弦理论.

[142] http://tech. ifeng. com/discovery/detail_2012_09/24/17844603_0. shtml.

后　　记

2017 年 10 月，发生了与空间超高速碰撞密切相关的几件大事，使全球的科学界激动不已。北京时间 2017 年 10 月 16 日 22 点，美国国家科学基金会召开新闻发布会，宣布激光干涉引力波天文台（LIGO）和室女座引力波天文台（Virgo）于 2017 年 8 月 17 日首次发现双中子星并合引力波事件，国际引力波电磁对应体观测联盟发现该引力波事件的电磁对应体。我国第一颗空间 X 射线天文卫星——慧眼 HXMT 望远镜对此次引力波事件的发生进行了成功监测，为全面理解该引力波事件和引力波闪的物理机制做出了重要贡献。而就在两周前的 10 月 3 日，瑞典皇家科学院将本年度的诺贝尔物理学奖授予三位在引力波探测中做出杰出贡献的科学家：麻省理工学院的 Rainer Weiss，以及加州理工学院的 Barry C. Barish 和 Kip S. Thorne。分析家认为，本届诺贝尔物理学奖的归属算得上是近些年来最没有悬念，也最为众望所归的一次。这关系到人类对于广义相对论一百多年来的不懈验证，以及对于宇宙时空中所产生的极其细微的波澜长达数十年的探索。

引力波是 1916 年爱因斯坦建立广义相对论后的预言。极端天体物理过程中引力场急剧变化，产生时空扰动并向外传播，人们形象地称为"时空涟漪"。自从 2015 年 9 月 14 日 LIGO 首先发现双黑洞并合产生的引力波事件以来，已经探测到 4 例引力波事件，包括 LIGO 和 Virgo 联合探测的双中子星并合引力波事件。

引力波的发现，使人类更加深刻地理解整个宇宙的时空和物质之间相互作用要受到一套基本原则的约束。广义相对论正是这种原则的一种描述。而在世界另一端的最微小之处，微观粒子也存在类似的原则约束。截至目前，人们发现物质之间仅存在四种相互作用（即万有引力、电磁相互作用、强相互作用、弱相互作用），宇宙间所有现象都可以用这四种作用来解释。这四种相互作用强度相差悬殊，作用范围也大相径庭。例如，引力的强度只有强相互作用力的 100 万亿亿亿亿分之一，但引力的作用范围却非常大，从理论上说可以一直延伸到无限远的地方，所以引力是长程力；而强相互作用力的范围却很小，只有 1cm 的 10 万亿分之一，所以说强相互作用力是短程力；弱相互作用力也是短程力，力程不到 1cm 的 1000 万亿分之一，强度是强相互作用力的 1 万亿分之一；电磁力与引力一样是长程力，但它的强度要比引力大得多，是强相互作用力的 1/137。4 种相互作用在性质上看来有明显的差异，然而科学家们却在思索：自然界为什么有这 4 种相互作用？这 4 种相互作用是否只有差异而无共同之处？这 4 种相互作用能不能在一定条件下得到统一的说明？

爱因斯坦在建立了广义相对论以后,从 20 世纪 20 年代开始就致力于寻找一种统一的理论来解释所有相互作用(当时只有引力和电磁相互作用),也就是解释一切物理现象,直到他 1955 年逝世。刚开始几年他十分乐观,以为胜利在握,后来发现困难重重。当时的大部分物理学家并不看好他的工作,因此他的处境十分孤立。虽然他始终没有取得突破性的进展,但是他的工作为物理学家们指明了方向:建立包含四种作用力的大统一理论(grand unified theories,GUTs),试图用同一组方程式描述全部粒子和力的物理性质。20 世纪 60 年代,格拉肖、温柏格、萨拉姆三位科学家提出弱电统一理论,把弱相互作用和电磁相互作用统一起来。1967 年秋,温伯格终于确定弱相互作用和电磁相互作用可根据严格的但自发破缺的规范对称性的思想进行统一的表达。他的理论结果发表在这一年的《物理评论快报》上,题目是"一个轻子的模型"。这种统一理论可以分别解释弱相互作用和电磁相互作用的各种现象,并预言了中间玻色子 W 和 Z 的新粒子,他们因此荣获 1979 年诺贝尔物理学奖,1983 年实验发现了理论中预言的粒子,进一步证明了理论的正确性。这是科学上第一个成功的相互作用统一理论,这一成功肯定了相互作用统一思想的正确性,促使许多科学家进一步研究把其他相互作用统一在一起的大统一理论。70 年代中期,人们进一步提出强、弱、电磁三种作用统一的大统一理论。大统一理论的结论之一是预言质子要衰变,这与实验结果有矛盾[139]。

量子力学与相对论结合,通过量子场论的发展产生了真正的相对论量子理论。量子场论不但将可观察量(如能量或者动量)量子化了,而且将媒介相互作用的场量子化了。第一个完整的量子场论是量子电动力学,它可以完整地描写电磁相互作用。强相互作用的量子场论是量子色动力学,这个理论描述原子核所组成的粒子(夸克和胶子)之间的相互作用。弱相互作用与电磁相互作用结合在弱电相互作用中。然而,至今找到引力的量子理论的问题一直没有重大突破,显然非常困难。例如,在黑洞附近,或者将整个宇宙作为整体来看,量子力学可能遇到了其适用边界。目前使用量子力学或者广义相对论,均无法解释一个粒子到达黑洞的奇点时的物理状况。广义相对论预言,该粒子会被压缩到密度无限大;而量子力学预言,由于粒子的位置无法确定,它无法达到密度无限大,而可以逃离黑洞。因此,20 世纪最重要的两个新的物理理论——量子力学和广义相对论互相矛盾、并不相容,至少有一个需要修改。于是引发了"爱因斯坦 VS 哥本哈根学派"的那场著名论战。寻求解决这个矛盾的答案,是此后理论物理学的一个重要目标(量子引力),直到现在争论还没有停止,只是越来越多的物理学家更倾向量子理论。虽然,一些亚经典的近似理论有所成就,如对霍金辐射的预言,但是至今无法找到一个整体的量子引力的理论[140]。

弦理论(string theory,或其升级版超弦理论)是现在最有希望将自然界的基本粒子和四种相互作用力统一起来的理论[141]。弦理论的雏形 1968 年由 Veneziano 提出。他原本是要找能描述原子核内的强作用力的数学公式,然后在一本老旧的数学书里找到了有 200 年之久的欧拉公式,这公式能够成功地描述他所要求解的强作用力。不久后,Susskind 发现可进一步将这公式理解为一小段类似橡皮筋那样可扭曲抖动的有弹性的"线段",这在日后则发展出"弦理论"。弦理论的一个基本观点是,自然界的基本单元不是电子、光子、中微子和夸克之类的点状粒子,而是很小很小的线状的"弦"(包括有端点的"开弦"和圈状的"闭弦"或闭合弦)。弦的不同振动和运动就产生出各种不同的基本粒子,能量与物质是可以转化的。因此,与较早建立的粒子学说认为所有物质是由"点"状粒子组成相比,弦理论的基础是"波动模型",认为组成所有物质的最基本单位是一小段"能量弦线"。更深的弦理论学说不仅描述"弦"状物体,还包含点状、薄膜状物体,更高维度的空间,甚至平行宇宙。弦理论试图解决表面上不兼容的两个主要物理学理论——量子力学和广义相对论,并欲创造性地描述整个宇宙的"万物理论"[142]。然而,这项理论非常难测试,以致弦理论目前尚未能做出可以实验验证的准确预测。

由此可见,包括宇宙天体碰撞、微观粒子碰撞(甚至能量弦作用)在内的空间超高速碰撞研究尚处于懵懂的初始阶段,与天文学、天体物理学、粒子物理学、航天工程及武器毁伤效应等多个学科不断交叉融合,必将激发一个新兴的交叉学科群,帮助人类发现并揭示更多的未解之谜。